Esas traviesas Neuronas

Marcos Barraza Urquidi

Diseño de portada   Moises Gamboa
Primera Edición Agosto 2018
ISBN-13: 978-0-9977407-3-8
Editorial Los Bárbaros del Norte
Copyrigth 2018 por Marcos Barraza
Marcos.barraza@gmail.com

índice

¿En verdad somos pura energía?   9

Los Iones   12

Conexiones neuronales   15

Neurotransmisores 18

La dopamina 21

Sistema de recompensas   24

Adicciones   27

Entropía   31

Dolor   34

Alucinaciones 40

La molécula espiritual   43

Canal Iónico 52

Lazo Neuronal   55

Sistema Nervioso   58

Las partes del cerebro   62

Cerebelo   65

El inconsciente y la inteligencia artificial   68

Perceptrons   73

Psicología Cognitiva 76

Circuitos neuronales y la Herencia   79

¿Heredamos la inteligencia?   81

Las dos consciencias83

Simbiosis Hombre-Maquina   86

Conectoma-El Ser   89

La evolución del cerebro   92

Función Sigmoid   101

Luchar o huir 104

A imagen y semejanza   107

Humanos e individuos   110

Finge, cree y crea   114

¿En verdad somos pura energía?

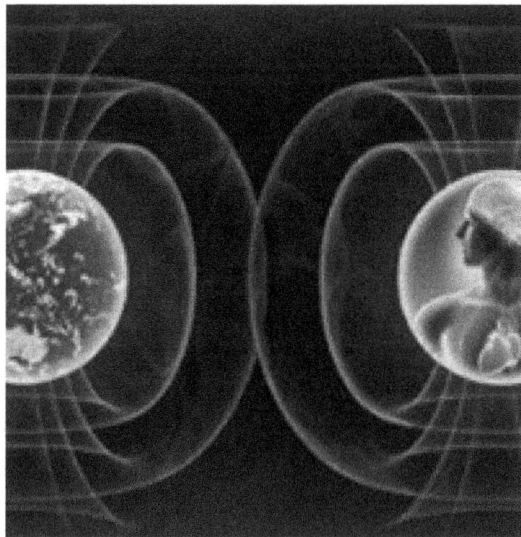

Cuando era estudiante se me ocurrió ir a una conferencia en la facultad de Filosofía y Letras, el brillante expositor calzaba huaraches; vestía un pantalón de mezclilla y una camisa latinoamericana; usaba pelo largo y barba los cuales lucían muy grasosos y descuidados lo cual era común en esa época ya que estaba de moda la subcultura Hippie.

Como todos puse la cara de "WHAT" cuando dijo que somos pura energía y vacío, al salir me topé con un gordito que degustaba una sabrosa torta y me dije a mi mismo este señor debe tener como 150 kilos que contradicen al orador.

Ayer afirmé en una platica entre amigos que éramos e interactuábamos con puros campos magnéticos en un espacio prácticamente vació solo que en lugar de seguir con un rollo chamánico y existencial se me ocurrió demostrar con números y física la afirmación.

Según los científicos, la materia con la que interactuamos está compuesta de átomos, bueno pues vamos a tomar esta escala para ver de que está hecho el universo en el que interactuamos.

Tomemos el átomo de hidrógeno que es el más sencillo, nos dicen que en el núcleo hay un protón y girando alrededor de el un electrón. Como el protón tiene el 99.9 de la masa nos olvidamos del electrón por el momento en cuanto a masa.

Ahora tratemos de ver que proporción hay de masa y vacío en el átomo, para eso calculamos el volumen del átomo y el volumen del núcleo para compararlos.

Si consideramos que el núcleo del átomo de hidrógeno mide 1.7x 10 -15 su volumen es 5.5 x 10 -45 y el diámetro del átomo mide 5 x 10-10 luego su volumen es 1.6 x 10 -28

Lo que nos lleva a que por un volumen de masa tenemos 3 x 10 +17 volúmenes de vacío luego ¿De que estamos hechos?

Si lo quiere ver como receta de cocina, para hacer un átomo requiere una cuchara de masa por 300,000,000,000,000,000 de vacío.

¿Luego? ¿Como es que interactuamos sin masa?

Para explicar esto tenemos que recordar cuando el maestro de física de secundaria hacia dos bolitas en el pizarrón encerrando en una el signo de + y en la otra el de – para explicarnos que las cargas eléctricas de signo contrario se atraen y las de igual signo se repelen. Algunos comparaban esto con el sexo pero hoy no es tan explícita la comparación, pero lo cierto es que las cargas iguales se repelen y las contrarias se atraen por lo cual no puede unir dos protones o dos electrones, bueno estrictamente si se puede pero requiere temperaturas de millones de grados y presiones también millonarias, el único que se avienta esas puntadas en la vecindad es el sol, pero no es el tema.

Esta repulsión eléctrica mantiene alejados a los núcleos entre si, pero si seguimos recordando la lección del maestro no deberíamos de preguntar ¿Porqué no se unen el núcleo y los electrones?

La respuesta correcta la da la física cuántica pero como estamos recordando la física clásica que nos dan en secundaria podemos decir que al estar girando alrededor del núcleo la fuerza centrípeta (antes centrífuga) lo mantiene a distancia, algo semejante a lo que ocurre con la tierra y el sol, gracias a Dios existe esa fuerza de otra forma ya estaríamos calcinados.

Ya tenemos esta repulsión eléctrica pero hay algo más, entre el protón que tiene carga positiva y el electrón que tiene carga negativa se forma un campo eléctrico que cambia de dirección continuamente como todo lo que gira, la variación en un campo eléctrico según Maxwell genera un campo magnético.

Dicho todo lo anterior tenemos que el átomo es una esfera con un punto infinitesimal de masa en el centro "lleno" con un campo magnético y uno eléctrico por lo que cuando oprime una tecla no es que la masa de su dedo oprima a la masa de la tecla, sino que los campos electromagnéticos de sus dedos "empujan" los campos electromagnéticos de la tecla.

De tal forma que si alguien le dice que somos electromagnéticos créale solo el 99.9999999999999999999 %

Los Iones

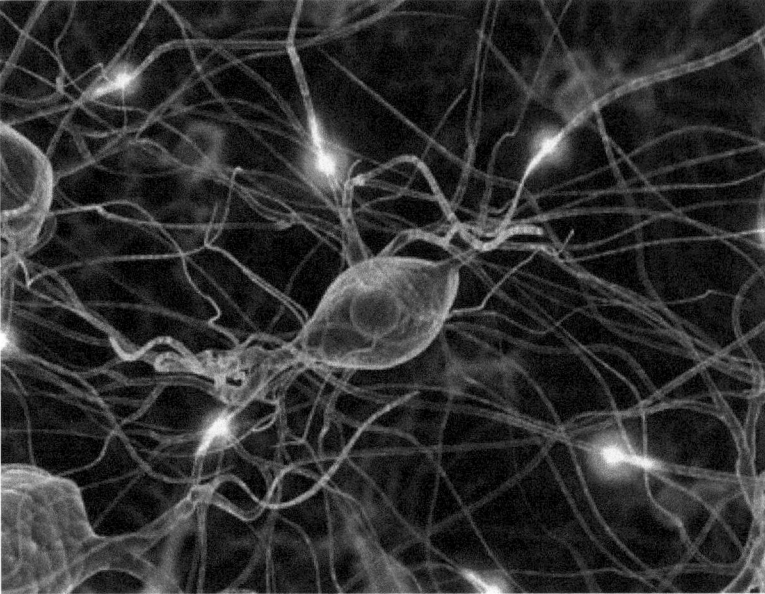

-¡Oiga compadre¡ ¿Será cierto que somos "eléctricos"?-

-"Pos" lo será "asté" que se la pasa dándose "toques"-

En el capitulo anterior platicábamos en "¿En verdad somos pura energía?

Que el volumen de nuestro cuerpo y casi todo lo que nos rodea está compuesto por una parte de masa y 300,000,000,000,000,000 partes de vacío y lo que nos da la sensación de solidez son los campos electromagnéticos de los átomos, eso nos deja un poco tranquilos en cuanto a que somos vacío pero nos plantea muchísimas preguntas más.

Por ejemplo, si todos nuestros átomos tienen un campo magnético ¿Porqué no atraemos a las demás cosas siguiendo con el principio que los polos opuestos se atraen y los iguales se repeles?

Y la respuesta podría ser que los campos magnéticos están en todas direcciones anulándose unos a otros de tal forma que están casi en equilibrio magnético y eléctrico, sin embargo, hay un mineral donde los momentos magnéticos se acoplan en una dirección, es un óxido de fierro popularmente conocido como magnetita y atrae a cualquier mineral que tenga fierro.

Pero en general la mayor parte de la materia está en "equilibrio electro magnético" pero ¿Que pasa si se altera este "equilibrio"? pues aparecen muchas cosas entre ellas el movimiento y la vida.

Desde el punto de la física podríamos decir que la vida es un sistema de "NO equilibrio" o alejado del equilibrio.

La clave de mantener la vida es conservarse en no equilibrio, porque si llega el equilibrio llega la muerte.

En las cosas inanimadas también se da el no equilibrio por ejemplo, tiene usted una tasa de café muy caliente y le pone leche fría, hay un desequilibrio en la tasa, el café le entrega calor a la leche hasta que todo esté a la misma temperatura de nuevo el equilibrio en el interior de la tasa.

Ahora si usted en lugar de tomárselo se va a bañar al regresar se encontrará con la noticia de que la tasa entró en equilibrio con la habitación y su café está frío.

Platicábamos que un átomo esta en equilibrio eléctrico ya que su núcleo positivo se equilibra con sus electrones negativos.

Si se separa uno o varios electrones del átomo el núcleo se transforma en una partícula positiva y por otro lado si le agregamos uno o varios electrones a un átomo se convierte en una partícula negativa. A estas dos tipos de partículas se les llama iones y tienen una importancia mayúscula en la vida.

Estos iones sirven para trasmitir las órdenes que el cerebro le da a las células, a los músculos, a las glándulas o como decía Don Raúl a las góndolas.

Podríamos establecer un símil entre las neuronas y los cables que conducen electricidad pero solo conceptualmente porque fisicamente es algo infinitamente mas complejo.

En el momento que surge un pensamiento cientos de miles de neuronas se ponen en funcionamiento en una gigantesca red, es necesario suministrarles energía

-Glucosa para la neurona 100,000,287,365 por favor-

-¡Oxigeno¡ para la neurona 95,838,382,143-

Recordará que tenemos en el cerebro mas de 100,000 millones de neuronas y ahí va la glucosa a proporcionar la energía que requieren las neuronas y el oxigeno que necesita para la "Combustión" lo entrega la hemoglobina quien de pasadita se trae los residuos de combustiones anteriores, esto es el bióxido de carbono.

Las neuronas de este tipo son tan pequeñas que cabrían 50,000 en la cabeza de un alfiler pero cada una es un sistema sofisticado de comunicaciones que se la pasa conectándose y desconectándose a voluntad ¿Voluntad de quien? Pues de usted y ¿Dónde está el usted? Mejor sigamos con los iones.

Si estuviéramos a escala de una neurona veríamos una explosión de energía en las redes neuronales tridimensionales, miles de iones generando campos electromagnéticos de diferentes frecuencias, sustancias que reaccionan y que de nuevo generan iones.

Lo mismo sucede cuando hace un movimiento, los campos electromagnéticos viajan por los nervios hasta el músculo previa comunicación con la memoria para investigar la naturaleza del movimiento e interaccionan con los células sensoriales que realimentan el cerebro.

Ya se ha de imaginar el relajo que se trae el cerebro cuando usted oprime una tecla.

Pero esto, comparativamente es algo muy sencillo comparado con el hecho de generar un sentimiento, para eso tendríamos que ir a cada parte del cerebro y ver que han descubierto los neurocientíficos al respecto.

En el próximo capitulo estaremos platicando de estas brujerías.

Conexiones neuronales

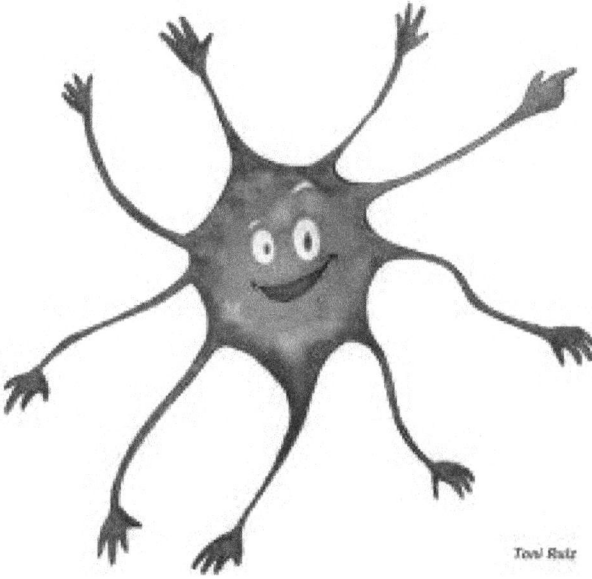

Toni Ruiz

-¡Oiga compadre¡ "Pos" "Pa" que tanta universidad si terminó como jardinero-

-Mire compadre, yo trabajo con las manos porque la cabeza la quiero "pa" pensar-

No existe un órgano del que se haya hablado mas en la historia que del cerebro, aunque el estudio que se había hecho hasta hace unos 20 años haya sido por métodos indirectos o en cerebros muertos.

La resonancia magnética y otras técnicas nos permiten, bueno a los que se dedican a esto, ver que áreas del cerebro se activan en determinados momentos.

Aunque hay que ser cautelosos y no precipitarnos en conclusiones porque lo que vemos es cuales zonas se irrigan y dado el tamaño de las neuronas y sus múltiples conexiones, aún no sabemos exactamente que redes se forman o activan en ese instante, aunque definitivamente tenemos más que anteriormente.

Cuando hablamos de que se conectan los axones con las dendritas debemos aclarar que no hay un contacto físico, se aproximan unos a otras dejando un espacio muy pequeño entre ellas.

Se han encontrado nuevas sustancias que actúan como neurotransmisores lo cual nos indica que no conocíamos todas y que probablemente existan más.

Pero regresando a lo que se había quedado pendiente sobre los iones que generan campos electromagnéticos veamos ahora como se forma una conexión.

Todo empieza en la membrana celular, una delgada capa que cubre la neurona y que tiene un espesor de 8 nanómetros, esta membrana permite que ciertos iones se diseminen a través de ella pero también inhibe a otros.

Los iones más populares entre la tropa son los iones de sodio y potasio de carga positiva y el de cloro de carga negativa.

Si recordamos que la sal es un cloruro de sodio aquí nos damos cuenta de porque necesitamos sal para vivir y su importancia, también le encontraríamos sentido a la conseja popular de que cuando nos da un calambre la gente diga que nos falta potasio y que comamos un plátano.

Cuando una neurona está reposando la superficie interior de la membrana tiene una carga negativa, cuando es activada atraviesan iones positivos la membrana cambiándola de signo y produciendo una corriente eléctrica que se propaga por la membrana hasta la terminal del axón, esto dura solo cinco milisegundos y los iones regresan como si nada a su estado de reposo.

Pero si pasa algo, genera un efecto en cascada que se propaga por las siguientes neuronas como una onda que los neurólogos llaman impulso nervioso.

Es algo semejante a cuando jugábamos con una soga, le dábamos un impulso y veíamos como se propagaba una onda por toda la soga, aunque "Houston tenemos problemas", las nuevas generaciones no juegan con sogas, bueno quizás hayan visto como se hace chasquear un látigo en una película, así actúan las neuronas para trasmitir un impulso eléctrico.

Este pulso viaja a cuatrocientos kilómetros por hora y genera un campo magnético como toda corriente aunque dado el tamaño de la neurona es sumamente pequeño.

Como en cada pensamiento o actividad cerebral actúan millones de neuronas al unísono los campos magnéticos se suman y se vuelven medibles, quizás haya visto cuando le toman un electroencefalograma a una persona, las terminales de toda esa red de cables que le ponen en la cabeza tienen unas pequeñas bobinas donde se captan estas ondas electromagnéticas.

Dicho lo anterior podemos afirmar que las 24 horas del día nos pasamos trasmitiendo señales electromagnéticas al exterior.

Neurotransmisores

-¡Oiga compadre¡ ¿Que es eso de los neurotransmisores?

-"Pos" no sé, mi carro es automático-

Comentábamos el que las neuronas son como un árbol seco con las raíces expuestas, las puntas de las ramas se conectan con las raíces de otras neuronas para trasmitir impulsos eléctricos.

En las puntas de las ramas o dendritas es donde se reciben los estímulos eléctricos procedentes de las raíces o terminales de axones de otras neuronas.

Una misma neurona puede estar conectada a miles de neuronas y ser parte de miles de redes neuronales, sin embargo no hay contacto físico ya que hay un ligero espacio entre una y otra.

En la punta de las ramas o axones hay unas pequeñas bolsas con sustancia llamadas neurotransmisoras que se liberan en el momento de llegar la onda electromagnética.

Estas substancias son mensajeros que pasan información a otras neuronas para alcanzar cualquier parte del cuerpo o generar pensamientos, recuerdos, emociones.

Estos neurotransmisores, como la dopamina o serotonina, también producen estados de ánimos entusiasmo, depresión, irritabilidad, fatiga etc.

Aquí aparece algo importante, esta química cerebral, la generan nuestros pensamientos de acuerdo a nuestras acciones o la percepción del entorno.

No se le olvide esto porque lo vamos a necesitar en el futuro.

En las terminales hay unas pequeñas bolsitas que contiene estos neurotransmisores en forma líquida que cuando reciben el impulso electromagnético estallan liberando su contenido.

Aquí lo maravilloso es que no estallan todas, solo aquellas necesarias para trasmitir el mensaje, aquellos que responden a la frecuencia del impulso y cada neurotransmisor que cruza la barrera tiene una misión específica. Al entrar a la neurona generan impulsos electromagnéticos que a su vez detonan haciendo explotar otras vesículas de neurotransmisores y así se van propagando a la velocidad del rayo hasta su objetivo.

Los impulsos nerviosos empiezan siendo eléctricos, luego químicos y terminan siendo eléctricos.

Para que una neurona estimule a su vecina la intensidad del impuso debe alcanzar un umbral o nivel por lo que no todas las neuronas pasan los mensajes que reciben.

Cada área del cerebro tiene una función particular por lo que los neurotransmisores tendrán concentraciones diferentes en cada región.

Hay una enorme cantidad de neurotransmisores, algunos estimulan, otros inhiben, otros pueden cambiar la actividad de una neurona, le pueden pedir que se enganche o desenganche, que se active o desactive, que trasmita o detenga el impulso, incluso puede cambiar el mensaje y transmitir uno nuevo. Todo esto en una milésima   de   segundo.

El principal neurotransmisor excitador es el glutamato, el cual se pega a la terminal para que haya una mayor probabilidad de que se dispare un impulso eléctrico o como le dicen los neurocientíficos, un potencial de acción.

Pero hay otros como el GABA que inhiben la propagación de los potenciales de acción, podríamos decir que el GABA es el aguafiestas, pero es tan importante como los excitadores ya que sin este, las células nerviosas se dispararían sin control dañando y desequilibrando el cerebro.

En todo este circo hay una molécula maravillosa, abundante multifuncional que está de manera importante en todos los procesos y sin la cual el cerebro no funciona ¿Adivina cual es? Es muy conocida, se representa como H_2O , el agua.

El agua ioniza, estabiliza, térmica y eléctricamente, etc. No en balde el 75% del cerebro es agua y ante la falta de agua el cerebro empieza a fallar, el hombre puede vivir muchos días sin comida pero pocos sin agua, cuando el nivel de agua baja significativamente en el cerebro empiezan las alucinaciones, al parecer el GABA es el primero en fallar.

Decía Schrödinger que la vida es una hermosa danza de energía, entropía e información, aquí vemos como la energía electromagnética y los diferentes químicos como elementos de información controlan los procesos de vida en el organismo luego veremos como la entropía influye.

Solo nos alcanzó el capítulo para ver el neurotransmisor de arranque y de paro, en el próximo capítulo iremos viendo otros que le ayudarán a entender como funciona esa maravilla que trae arriba de sus hombros.

La dopamina

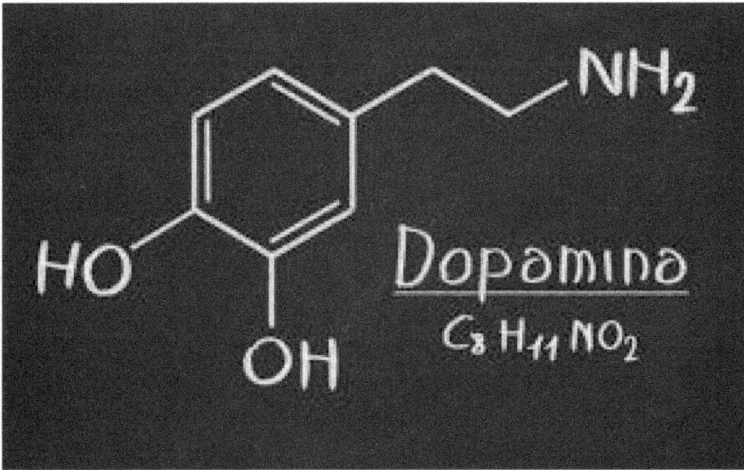

Recuerdo que mi cuñada se refería a mi como el latoso niño de los "¿Porqué?", de aquella época lo único que ha cambiado es que ya no soy niño y que mis dudas han crecido exponencialmente demostrando las limitaciones del conocimiento humano.

De adolescente asistí a una plática sobre prevención del uso de las drogas y mis reiterados "Porqués" hicieron que el conferencista agradeciera la atención que habíamos tenido a su plática y me dejó con mil dudas.

Hasta ese día daba por sentado que las emociones eran producto de las interacciones entre personas, situaciones, acciones propias, afinidades etc. Pero que una sustancia te generara emociones, pensamientos, "Alucinaciones" te llevaba a preguntar "¿Cómo? ¿Porqué? ¿De parte de quién?

No se si la ciencia tenga la respuesta total a estas preguntas pero si avanza día a día en ese sentido y parece que un jugador importante son los neurotransmisores.

Platicábamos como los iones positivos atraviesan la membrana de las neuronas y al entrar a un medio ambiente negativo se producía un pulso electromagnético a través de la neurona y en la terminal de los axones explotaban selectivamente unas bolsitas con productos químicos llamados neurotransmisores.

Sabemos también que no todas las neuronas son iguales y por lo mismo no tienen los mismos neurotransmisores y que cada parte del cerebro tiene funciones específicas.

Para agarrar por algún lado el hilo de la madeja vamos a platicar lo que se conoce de los neurotransmisores que se han encontrado.

Uno de los más interesantes es "La dopamina" descubierta como neurotransmisor por Arvid Carlsson premio Nobel de medicina del 2000.

La dopamina interviene directamente en funciones como el comportamiento y la cognición, esto es, el procesamiento de la información a partir de la percepción, experiencia y la valoración de la información. Lo cual es muy importante en procesos como el aprendizaje, el razonamiento, la atención, la memoria, la resolución de problemas, la toma de decisiones y la más importante los sentimientos.

Así que si el maestro le avienta un borrador a la cabeza por no poner atención le puede contestar.

-Maestro la culpa es de la dopamina-

O si quiere cortar a su novia porque conoció a otra que le llena el ojo le puede decir

-Mi amor, disculpa pero no me queda más dopamina para ti-

O le puede servir para disculpas

-Me equivoqué, andaba bajo de dopamina-

Otra sería cuando su señora le pide que pase al súper por la leche.

-¡Mi vida¡ andaba sin dopamina y se me olvidó-

Pero el rol de la dopamina no termina en el comportamiento y la cognición, también interviene en la actividad motora, la "Motivación y Recompensa", la producción de leche (bebé,llegó la dopamina, así que te quedas sin cenar), el sueño y el humor (¿Que tan dopamino andas Gervasio?).

Esto de la "Motivación y Recompensa" es muy interesante y regresaremos a este tema para desarrollarlo con mayor amplitud.

Las neuronas cuyo neurotransmisor principal es la dopamina se encuentran principalmente en la línea media del piso del mesencéfalo (Apa´ nombrecitos), en la parte compacta de la materia negra y en el núcleo del hipotálamo.

Dado que la dopamina interviene en el movimiento, la falta de ella genera enfermedades como el Parkinson.

En los lóbulos frontales, la dopamina controla el flujo de información de otras áreas del cerebro, su falla genera problemas de memoria y solución de problemas (Te lo dije ¡Vieja¡ es la dopamina)

Concentraciones reducidas en la corteza pre frontal se piensa que es el causante de la hiperactividad, tema muy controversial (¡Señora¡ si su hijo es hiperactivo no le de medicina, dele atención.)

Hay teorías de que estas concentraciones son el origen de la esquizofrenia (Ahora la dopamina en papel de villana).

La dopamina se asocia con el sistema de placer del cerebro y como el tema es muy interesante y amplio lo dejaremos para el próximo capítulo, agradeciéndoles el favor de seguirme en estas curiosidades del porque "Semos como semos"

Sistema de recompensas

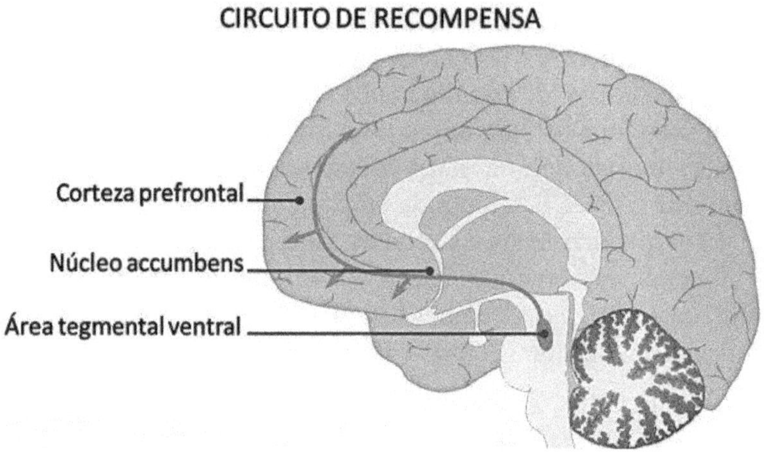

CIRCUITO DE RECOMPENSA

Corteza prefrontal

Núcleo accumbens

Área tegmental ventral

Desde el principio de los tiempo el hombre ha hablado del "Bien y el mal" "Premio y castigo" y de la Teología ha bajado a la filosofía, a las emociones y a el área de las discusiones.

Lo que los neurólogos han encontrado es que el tema no termina ahí sino que baja a la biología, a la química y a la física.

Dentro de las miles de millones de conexiones neuronales que forma el cerebro tenemos una red de recompensas que nos premia cuando actuamos "Bien", pero ¿Que es actuar bien?

Ahí entramos a una eterna discusión pero en términos elementales el cerebro se "preocupa" por mantener vivo al organismo que le fue "confiado" y a la supervivencia de la especie, por lo que premiará acciones como comer, beber, tener sexo, relacionarse socialmente, vínculo familiar, etc.

Hablábamos como un pulso electromagnético viaja a través del axón de la neurona hasta la terminal liberando sustancias químicas llamadas neurotransmisores, las cuales en el espacio sináptico genera a su vez iones que viajan desde las dendritas generando un efecto en cadena.

En el circuito de recompensas el neurotransmisor usado en el circuito de recompensas es la dopamina, la dopamina se genera en el mesencéfalo, esta dopamina juega un papel importante en la motivación, atención, toma de decisiones, planeación a largo plazo etc.

La dopamina sirve para motivarnos a realizar acciones necesarias para nuestra supervivencia, por ejemplo si tenemos hambre, esto es, hay niveles bajos de glucosa, al ver un alimento se libera dopamina, nos sentimos bien desde el momento que se genera la expectativa de comer y termina cuando nos saciamos.

Aunque hay niveles, normalmente una comida rica en calorías liberará más dopamina que una baja en calorías, pero puede haber por ahí un circuito inducido que nos diga que la ensalada nos mantendrá más esbeltos y cambiemos la deliciosa y antojable pizza por esa ensalada desabrida, de ahí que la dopamina también participe en la obtención de metas a largo plazo.

De igual manera se libera con la sola expectativa, por ejemplo cuando suena el celular anunciando que nos ha llegado un mensaje, sobre todo cuando estamos esperando algo, lo mismo pasa cuando vemos la fila de los que llegan en un vuelo, liberamos dopamina mientras vemos aparecer el ser querido.

Lo mismo la atención, cuando vamos de prisa rebasando los carros por izquierda y derecha se va liberando dopamina, de igual forma si estamos en un espectáculo que nos haciendo liberar dopamina le prestaremos atención de otra manera estaremos bostezando.

Sintetizando, la dopamina para el sistema de recompensas se genera en el cuerpo neuronal del área neuronal del área segmental ventral (What?) y viaja por el axón hasta la terminal donde se deposita en pequeñas vesículas las cuales son reventadas por un impulso eléctrico, al liberarse en el espacio sináptico, esto es el punto de conexión del axón con la dendrita de la siguiente neurona, provoca que se liberen iones en la siguiente neurona.

Al terminar la excitación la dopamina regresa a la neurona que la liberó para reutilizarse de nuevo, en el sistema de recompensas la excitación llega a un punto llamado nucleus acumbens que es considerado como el punto de placer.

A este núcleo se le atribuye también la risa, el miedo, la agresión y lo que veremos a detalle en el próximo capítulo, las adicciones.

Los mecanismos son más complejos e interactivos pero parece que la ciencia empieza a desentrañar las intrincadas redes de la filosofía y a veces hasta de la teología, En el proximo capítulo platicaremos más de este interesante sistema de recompensas.

Adicciones

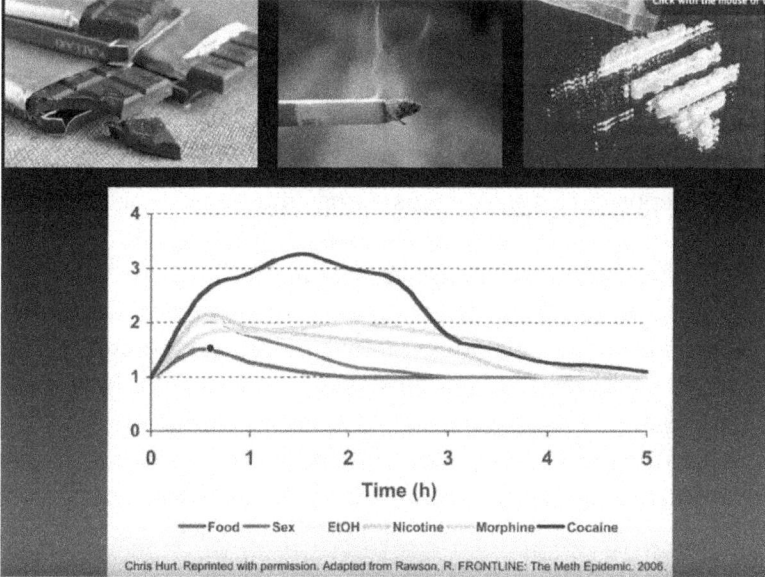

Chris Hurt. Reprinted with permission. Adapted from Rawson, R. FRONTLINE: The Meth Epidemic. 2006.

-¡Oiga compadre¡ ¿Usted cree que el cigarro haga vicio?- -¡Claro que no compadre¡ yo tengo fumando 50 años y no me ha hecho vicio-

Imagínese a un jovencito pasado de peso ante el espejo viendo esas llantitas alrededor de su abdomen.

-Tengo que bajar de peso, me pongo a dieta-

En el momento que hace ese firme propósito se libera dopamina, hay un buen propósito, el muchacho se siente satisfecho y feliz con su decisión se ve en el futuro esbelto y rodeado de lindas muchachas.

Al otro día llega a casa y ve sobre la mesa el pastel del cumpleaños de su hermano listo para la fiesta de inmediato se libera dopamina ante la expectativa de un delicioso trozo de pastel. -¡Queremos pastel¡ ¡Pastel¡ ¡Pastel¡ ¡Pastel¡ gritan los neurotransmisores de dopamina, reacciona su conciencia.

-De ninguna manera estoy a dieta-

-Una rebanadita nada más- replica la dopamina

-Bueno pues, no es cosa de ponerse intransigente-

Unos minutos más tarde con los bigotes llenos de betún ve el plato vacío, ya saciado el apetito y con la dopamina de regreso a las neuronas, lo acosa el remordimiento.

-¿Cómo pude hacer eso?-

En ocasiones pensamos que las adicciones solo se refieren al abuso del consumo de alcohol, drogas, cigarro pero parece que va más allá, las adicciones se extienden a todo lo que genere dopamina, incluso el trabajo, la filantropía, el ejercicio, el sexo, el deporte, cuantas personas descuidan su vida personal e incluso su salud por el trabajo, el deporte, el ayudar a los demás, bueno son casos raros pero los hay.

¿Como funciona este mecanismo neuronal?

Hay una parte del cerebro que le llaman núcleo accumbens al cual se le atribuyen funciones muy importantes como el placer, incluyendo la risa, las recompensas así como el miedo, la agresión, la adicción y el efecto placebo.

Las neuronas de esta parte del cerebro tienen neuronas con un neurotransmisor conocido como GABA que es un importante inhibidor del sistema nervioso central, donde están los mecanismos encargados de recibir y procesar las sensaciones recogidas por los órganos receptores de los diferentes sentidos como también de trasmitir las órdenes de respuesta a los órganos efectores que son los que ejecutan las respuestas o generan los movimientos musculares.

Así el núcleo recibe dopamina y genera GABA. Da usted una fumadita genera dopamina, llega la dopamina al núcleo, ahí genera GABA, este lo manda al sistema nervioso central y usted siente un relax, ¡Amor y paz hermano lobo¡

Cuando por una sustancia, pensamiento, sensación o acción generamos dopamina una parte se va a excitar al núcleo y la demás excitará otras neuronas de diferentes circuitos pero para propósito de nuestro tema solo platicaremos de la que se va al núcleo.

La dopamina se libera en diferentes cantidades dependiendo del origen y dura en el espacio sináptico diferentes tiempos, en la gráfica podemos ver tanto la cantidad de dopamina liberada como duración de ella debido a la comida, el sexo, el alcohol, la nicotina, la morfina y la nicotina.

En el caso de la comida una vez que comemos y nos saciamos se estabiliza rápidamente la dopamina, lo mismo pasa con el sexo que aunque libera mayor cantidad de dopamina se estabiliza casi en el mismo tiempo.

En el caso de el alcohol, la nicotina, la morfina y la cocaína vemos que la cantidad y el tiempo aumentan significativamente, cada droga tiene un mecanismo de acción único.

En el caso de la cocaína, la dopamina que debía de regresar a la terminal del axón para reciclarse una vez ejercida su función de excitar las dendritas de la neurona del núcleo al abrirse una proteína que funciona como puerta de regreso a la neurona generadora, no lo hace ya que, la cocaína tiene una estructura molecular que bloquea la puerta de regreso originando que dure más tiempo la dopamina generando iones en las dendritas de las neuronas del núcleo, causando una sensación de placer prolongado.

Se han hecho experimentos con ratas a las que se les coloca un electrodo que genera un efecto igual a el de la dopamina en el núcleo, este electrodo es accionado por un botón por la misma rata, es tan adictiva esta sensación que las ratas se pasan todo el día accionando el botón, sin hacer caso a las llamadas de hambre y sed hasta que terminan muriendo de cansancio o deshidratación.

Sin embargo, el organismo tiene un mecanismo para protegerse de esta sobre excitación de la dopamina, reduciendo el número de receptores en las dendritas lo cual hace que el adicto requiera de más estímulo para tener los mismos resultados.

Como todas los demás actividades que generan placer usan las mismas neuronas, a los adictos ya no les causan placer todas esas actividades y llegan a perder el apetito entre otras cosas.

No hay una definición exacta de cuando se tiene una adicción, sin embargo, los estudiosos del tema consideran que cuando la persona desprecia los efectos negativos de su consumo han caído en la adicción.

¿Que causa esta enfermedad neurológica multifactorial?

Probablemente factores genéticos, ambientales e individuales. Por estudios realizados se considera que la predisposición genética es responsable en el 50% de los casos. En los casos ambientales, como el estrés, el entorno familiar y las características individuales aunque no se sabe exactamente a que droga o actividad se pueda generar una adicción, hay gente que prueba una vez la cocaína y no lo vuelve a hacer, así como otras que después de probarla una vez no pueden prescindir de ella.

La edad también es un factor importante, cuando se consume en la edad de desarrollo del cerebro antes de los 25 años , la probabilidad de adquirir una adicción es más alta.

De ahí que el consejo de oro sea no las pruebe nunca.

Entropía

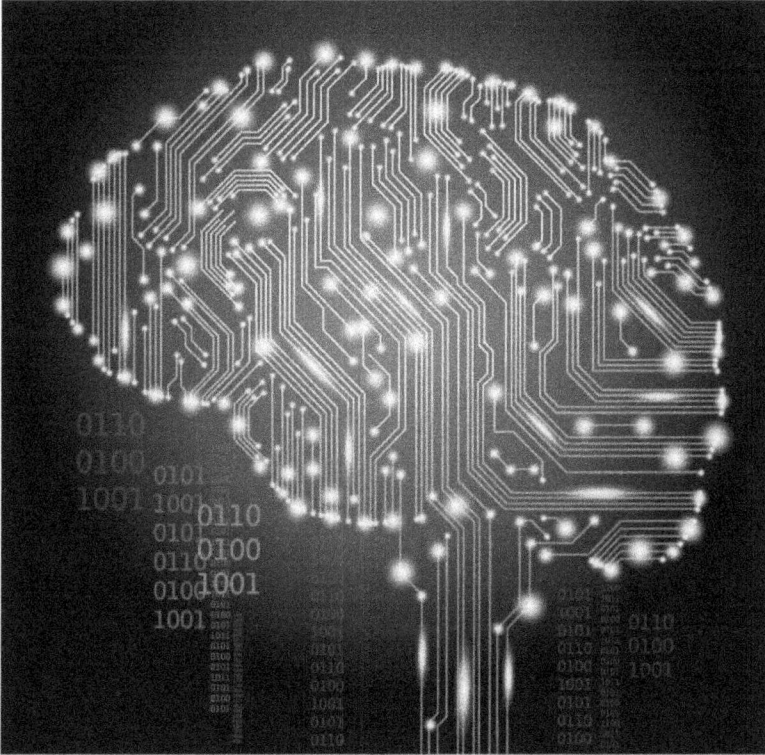

Antes de seguir con esto de la dopamina, que por cierto nos ayuda a entender muchas de las cosas que os pasan me gustaría ahondar un poco mas en el funcionamiento de las neuronas.

Como aficionado a la física recurro frecuentemente a la conferencia que dio el genio de la Física Cuántica Erwin Schrödinger en Dublín en 1944 titulada ¿Que es la vida? Para entender o creer que entiendo la biología.

En esa conferencia Erwin definía la vida como una bella danza de Entropía, energía e información, salvo el concepto de Entropía los otros dos nos son muy comunes, en los capítulos anteriores hemos hablado mucho de ellos.

La energía como un pulso electromagnético que libera neurotransmisores y estos como unidades de información que determinan lo que se va a generar con ese pulso.

Pero la ¿Entropía? Salvo quienes estudiaron termodinámica han oído hablar de ella y me atrevo a afirmar que se aprendieron la fórmula de memoria para hacer los ejercicios del examen y si la vida profesional los llevó a diseñar máquinas térmicas seguro que siguen alguna receta o consultan las tablas del fabricante y "No problem Sir"

Pero no se preocupe la influencia de la entropía en la célula la va a entender perfectamente con una sola palabra, ahora que si se quiere adentrar al tema le recomiendo el libro "Caos para principiantes"

Antes de revelarle esa palabrita vamos a ver como se genera ese pulso liberador de neurotransmisores.

Como en un carro para generar potencia necesita un combustible y oxigeno, pasa lo mismo en la célula, necesita glucosa y oxigeno que le proporciona la sangre.

Cuando la célula requiere estos nutrientes, envía una señal a los capilares cercanos para que se abran e irriguen esa zona del cerebro, entra la glucosa y la molécula maravilla, la hemoglobina con su cargamento de oxigeno, la glucosa y el oxigeno llegan a la mitocondria, un membrana "RockStar" de la que se ha hablado mucho.

Ahí se generan unidades de ATP y se libera bióxido de carbono, la mitocondria cambia su magnetismo y toma el bióxido de carbono para llevarlo a los pulmones y negociar oxigeno a cambio del bióxido de carbono.

Ya con las ATP la neurona lo utiliza para darles "toques" a las otras y no crea que esta corriente es algo trivial en algunos peces el voltaje generado llega a los 470 volt suficientes para matar a sus presas, en nuestro caso son voltajes que aceptan fácilmente las otras neuronas y dado que es por instantes se recuperan, aunque en el caso de las drogas el voltaje es fuerte y persistente llegando a dañarlas o como dicen en mi barrio, "esas cosas te van a quemar las neuronas, bato".

Resumiendo, se abren los capilares, se inunda la zona de sangre, la neurona toma glucosa y oxígeno, se genera energía o ATP, sale el potencial de acción, se liberan neurotransmisores y se logra el efecto deseado.

Aquí nos explicamos el porque el cerebro es el principal consumidor de glucosa y oxigeno ya que trabaja 24 horas al día 7 días a la semana y si falta unos minutos lo despiden para siempre.

También tiene sentido el que a diferencia de las proteínas y vitaminas, el organismo conserva la glucosa en lugar de eliminarla porque no se puede quedar sin glucosa ni un minuto, mientras que en el caso de vitaminas y proteínas puede esperar, por eso para ser más eficiente deshecha lo que no usa, pero en el caso de la glucosa lo convierte en lípidos, "grasa" y lo almacena en el abdomen, glúteos, panza etc. bueno usted ya sabe.

Regresando a la entropía, la palabra clave es "envejecimiento" en el proceso de generación de ATP se generan radicales libres que van haciendo que la mitocondria pierda elasticidad.

Llegamos pues a la paradoja que entre más usemos el cerebro más se acaba pero si no lo usamos se atrofia y es más propenso a las enfermedades cerebrales, aunque parece que hay una esperanza con los regeneradores celulares de los cual también le platico ampliamente en Caos para principiantes.

Dolor

-¿Y le duele mucho compadre?-

-Solo cuando me río-

-¿Y ya se sabe el último chiste de pepito?

Del dolor se puede hablar mucho, si es real o potencial, agudo crónico etc. Finalmente es una sensación desagradable asociada con una lesión, hoy puede ser atribuido también a componentes emocionales y subjetivos e incluso sin causa física que lo genere.

Siguiendo con el tema de los neurotransmisores lo que nos interesa saber es como se trasmite e interpreta el dolor desde el cerebro.

La historia empieza con unos receptores sensoriales que los médicos le llaman "Nociceptor", me imagino que escogieron el nombre para que no sepamos que es y poder cobrar la consulta.

Estos nociceptores que les vamos a llamar "receptores del dolor", no más porque si, tienen la capacidad de diferenciar estímulos inocuos y estímulos nocivos.

Se encuentran en la piel, los músculos, las articulaciones y las vísceras. Mmm ¿Que más nos duele? ¿EL amor propio?

En la piel hay dos tipos de receptores, el A que responde a pellizcos y pinchazos muy rápido 30 m/s y el C que responde un poco más lento 1 m/s que responde a estímulos nocivos mecánicos, térmicos y químicos, así como daños en la piel.

En los músculos los receptores se clasifican por grupos, se encuentran los que se activan por iones de potasio, bradicinina, serotonina (luego hablamos de ella, no es chisme pero..) y contracciones sostenidas de los músculos, son esos dolores que aparecen 2 segundos después de que carga a su suegra.

Los receptores viscerales son menos conocidos por lo difícil de estudiarlos, pero se han encontrado en el corazón, los pulmones, tracto respiratorio, testículos, sistema biliar etc., cuando una adolescente le dice que le duele el corazón porque su novio no le contesta en el Face puede ser cierto, el corazón duele.

En síntesis estos sensores transforman estímulos ambientales en potenciales de acción (el chispazo en el interior de las neuronas) que se trasmiten al sistema nervioso central y la gente grita ¡AY¡

Durante la trasmisión de los receptores se generan diferentes sustancias (neurotransmisores) y mecanismos de excitación e inhibición, tanto en el lugar de la lesión como en el sistema nervioso central de ahí que la sensación de dolor puede variar de una persona a otra, ya que será un resultado de los sistemas excitatorios de las neuronas y los sistema inhibitorios, en este caso analgésicos.

Como cuando de niños nuestra mamá nos daba un chanclazo y respondíamos estoicos "Ni me dolió"

Hay un radical libre conocido como NO, Óxido Nítrico que actúa como mensajero y está muy relacionado con la disminución del dolor o analgesia, está presente en forma natural en el organismo pero administrado en forma externa funciona como anestésico.

También se cuenta con unos receptores que disminuyen el dolor llamados receptores opioides y que se pueden inyectar para generar una anestesia con una sustancia extraída del opio llamada morfina que excita estos receptores para inhibir el dolor

En el caso de inyectar sustancias al cuerpo este se "defiende" y cada vez se requieren dosis mayores en paciente terminales de cáncer se ve como llega el momento en que la morfina ya no da resultados

Siendo el organismo un sistema retroalimentado, esto es que se "defiende" de estímulos externos, los investigadores han volteado a ver los métodos de acupuntura, hipnosis, maniobras de contra irritación y otras brujerías para lograr la disminución del dolor sin alterar ciclos químicos con sustancias.

Regresando al punto de partida, el dolor es un fenómeno de energía e información vital para la sobrevivencia, es una llamada de atención al cerebro de que algo está mal y tiene que ponerse a trabajar reparando el daño.

Sueños

-¡Oiga compadre! usted no duerme, se muere-

-¡Déjeme dormir! Apenas son las 9 de la mañana-

Todas las noches nos vamos tranquilos a descansar, a disfrutar de un "sueño reparador", pocas veces reflexionamos en que nos desconectamos del mundo exterior y quedamos a merced del medio ambiente, evidentemente sabemos que las puertas están cerradas, el teléfono está a la mano, hay todas las precauciones que ya las damos por hechas.

Pero que pasaría si usted estuviera en una selva o bosque, solo al caer la noche, el temor a quedarse dormido sin duda le asaltaría y es muy probable que el hombre primitivo tuviera miedo a quedarse dormido.

Según los egipcios antiguos Set, el dios de las tinieblas mata a Osiris y cae la noche en el mundo pero al día siguiente Horus, el dios sol, mata a Set y regresa la luz y quedan atrapados en un ciclo infinito.

Aunque se dice que el 80% de lo que conocemos del cerebro se ha generado en los últimos 20 años en que podemos, bueno, los estudiosos pueden estudiar el cerebro vivo, ya desde la antigüedad se conocía un órgano llamado glándula pineal, alojado en el centro del cerebro.

Ahí se genera la melatonina en la oscuridad a partir de otras sustancias, la serotonina y el DMT, apareciendo el sueño y desconectando el consciente.

Esta glándula en forma de pino tiene su historia, se forma justo a los 49 días de la concepción, 49 es 7 veces 7, número cabalístico.

En el yoga Tántrico es considerado el tercer ojo. En la antigüedad se le consideraba una puerta espiritual y un órgano de percepción metafísica.

La glándula pineal esta constituida por células muy parecidas a la retina y estudios actuales muestran que esta glándula es sensible a campos magnéticos y la secreción de diferentes hormonas depende de la luz u oscuridad a la que está expuesta.

René Descartes la describe como el asiento del alma, aunque solo la sustentaba en la singularidad de este órgano.

Se cree que cuando Mateo el evangelista habla del ojo como lámpara del cuerpo se refiere a la pineal, lo mismo el ojo masón que todo lo ve y el ojo de Horus.

En la cultura griega el báculo de Dionisio llevaba una piña, lo mismo en el bastón de mando de algunos líderes religiosos católicos está la glándula pineal como símbolo de sabiduría en la conducción.

En la plaza de San Pedro en Roma está una enorme glándula pineal con dos pavos reales a los lados, estos tienen ocellis (ojos que simbolizan la omnividencia)

En los años la melatonina adquirió el lugar de "Rock Star" se pensaba que se había encontrado el elixir de la juventud y de la vida eterna, aunque evidentemente era una exageración. Recuerdo a un amigo que me mostró una botella de cápsulas de melatonina afirmando que tomando una diaria viviría más de cien años pero creo que fue más fuerte el alcohol y otra sustancias que ingería que la muerte le alcanzó muy joven.

Sin embargo el efecto antioxidante de la melatonina ha sido demostrado ya que sus características químicas le permiten fácilmente penetrar en la membrana de la célula y "atrapar" metabolitos del oxígeno.

La producción de melatonina se va reduciendo con la edad, "Los viejos necesitan menos horas de sueño" dice el refrán popular pero se debe a su baja producción de melatonina, de ahí que los médicos la receten para inducir el sueño, así como para contrarrestar los efectos de los viajes largos.

La recomiendan también para disminuir los efectos del Alzheimer, el Parkinson y desórdenes convulsivos en niños.

Pero la producción de hormonas y neurotransmisores de la glándula pineal no terminan en la melatonina, está la DMT que le han dado por llamarla la molécula espiritual y de ella estaremos hablando en el próximo capítulo.

Alucinaciones

-¡Compadre! ¡Córrale que vienen unos elefantes rosas-

-Está usted viendo visiones compadre, esos elefantes no son rosas, son amarillos, pero ¡Córrale¡ que nos alcanzan-

La década de los sesenta, el parte aguas del siglo, sin duda una época muy interesante donde el arte, la música y en fin la sociedad tuvo un cambio radical.

Impulsada por los jóvenes al grito de "Amor y Paz" compusieron melodías intensas, el grito de libertad se extendía, caían los viejos modelos sociales, arquetipos anquilosados, sustituidos por nuevos conceptos no necesariamente mejores pero si novedosos.

Principalmente en Estados Unidos, los jóvenes se negaban a seguir las costumbres, la disciplina y se lanzaban al amor libre, a las drogas, a las comunas etc.

Aparecieron grupos que se hicieron distintivos como los hippies.

Por primera vez las drogas se integraban a la cultura, el LSD era el inicio del viaje, también conocido como ácido lisérgico, los transportaba a un mundo de alucinaciones.

El LSD se forma a partir del ácido lisérgico el cual se encuentra en el cornezuelo, un hongo que crece en el centeno y en otros granos, quien lo consume sufre una desconexión de la realidad fuerte, alucinaciones y "viajes" que suelen terminar mal.

En 1968 Gordon Wasson escribió el "Hongo Maravilloso" la historia de una curandera de Huautla en Oaxaca llamada María Sabina, que usaba en sus rituales hongos mágicos, una tradición milenaria de su pueblo, pronto el pueblo se llenó de visitantes de todo el mundo, era la época de la psicodelia.

Los alucinógenos están presente desde hace miles de años en las comunidades, en los Raramuris está el peyote, un cactus que tiene varias sustancias alucinógenas y se usa para estimular experiencias místico religiosas.

En el amazonas usan el Ayahuasca para las ceremonias religiosas donde el chamán la ingiere, cae en trance y lo que dice en este estado se toma como el oráculo del pueblo, hoy esta tradición incluye a los mirones que se dan una mareada bárbara.

Las alucinaciones son percepciones de una realidad inexistente.

Normalmente con la información que recibimos de los sentidos, más la memoria, el cerebro crea una realidad subjetiva que nos permite darnos cuenta de lo que nos rodea y tomar decisiones en consecuencia.

Estrictamente no hay una realidad objetiva debido al tratamiento que el cerebro le da a la información que recibe, por ejemplo, el ojo ve en 2 dimensiones y el cerebro genera la tercera dimensión, en el reconocimiento de patrones, la educación y el medio cultural incide mucho en la interpretación que el cerebro le da a esa realidad, en general dado el grado de comunicación que tenemos podemos negociar una realidad objetiva, las alucinaciones se apartan mucho de esta "realidad objetiva".

La alucinaciones no solo se dan por el consumo de alucinógenos también se generan en enfermedades como la esquizofrenia, algunos tipos de cáncer, trastornos del sueño, falta de agua en el cerebro etc.

El las experiencias místico religiosas, el ayuno, las oraciones, cantos, danzas etc. al parecer excitan la glándula pineal y esta genera neurotransmisores que a su vez producen alucinaciones, esta es la opinión de los neurólogos.

Los místicos y videntes le llaman apertura a otras dimensiones u otros tiempos.

La historia está repleta de "videntes" y charlatanes, lo más difícil es determinar quien es uno y otro, los estudios sobre las funciones del cerebro parecen acercar a las creencias con la ciencia así como descalificar aquellas "creencias" sin sustento.

Los trastornos de personalidad, daños a la salud e incluso la muerte de quienes consumen alucinógenos llevó a las autoridades a prohibir su uso, pero ante testimonios de "sanación" algunos investigadores han solicitado "permiso" a las autoridades para investigar los efectos de estas sustancias en el cerebro, el primero en lograrlo fue Rick Strassman el cual en los años ochentas había dirigido una investigación sobre la melatonina, en 1995 inicia una serie de investigaciones acerca de la Dimetiltritamina, para los cuates DMT.

La teoría de trabajo de Rick era ver la similitud entre experiencias psicodélicas y experiencias que solo son posibles con amplia meditación, esto era, localizar un compuesto en el cerebro causante de experiencias místicas.

Estos experimentos pretendían estudiar los fenómenos alucinógenos que el hombre ha experimentado a través de la historia y quizá ¿Porqué no? ver si hay sustancias relacionadas con la creatividad, la imaginación, los sueños, las visiones que el cerebro pueda generar ante un entorno difícil o situaciones traumáticas.

Pero no era solo el encontrar sustancias sino también encontrar los mecanismos neurales que llevan a estados espirituales midiendo la segregación de estas sustancias y seguirles el camino dentro del cerebro, para encontrar que receptores activan o desactivan, en síntesis saber qué son estas experiencias desde el punto de vista fisicoquímico.

Los resultados de esta investigación le llevan a Rick Strassman a escribir un libro que le llamó pomposamente la "Molécula espiritual" de la cual estaremos hablando en el próximo capítulo.

La molécula espiritual

Rick Strassman

-Oiga compadre ¿le gustaría ser conejillo de indias?

-¡No¡ compadre yo prefiero ser el sombrerero-

Rick Strassman plantea la hipótesis de que había una similitud entre las experiencias psicodélicas y experiencias que solo son posibles con una intensa meditación.

Si esto era cierto luego debía haber un compuesto en el cerebro que provocara experiencias místicas.

Daba por sentado que el hombre ha experimentado fenómenos alucinógenos a través de la historia.

Siendo tan complejo el cerebro, la idea de que una molécula fuera la causante de las alucinaciones lucía endeble, pero además en el coctel de fenómenos los relacionaba con la creatividad, imaginación, sueños, cambios que ocurren debido al aislamiento, traumas, hambrunas y todo aquello que de manera natural pudiera producir fenómenos alucinógenos.

Estos componentes que el organismo genera no podrían ser otros que los componentes alucinógenos que conocemos, otro principio endeble ya que hay muchos compuestos en el organismo de los cuales se ignora su función. El DMT hace 30 años se consideraba ruido fisiológico, esto es, sabían que estaba en todas las plantas y animales pero no sabían sus alcances.

Seguir estas sustancias en el cerebro ayudaría a conocer los mecanismos neurales de estas experiencias; sin embargo, conseguir personas que en forma natural llegaran a este estado era muy difícil, así que el camino sería suministrar altas dosis de DMT a voluntarios y observar lo que pasaba en su cerebro y escuchar el relato de las experiencias.

Desde este enfoque el experimento lucía sumamente interesante, seguir estas sustancia para saber que receptores activan o desactivan para saber más de lo que realmente son estas experiencias, saber como influyen estas sustancias en nuestras percepciones y actividades, emocionaba a los investigadores y preocupaba a las instituciones.

Se sabía que con demasiada DMT todo luce psicodélico y con poco DMT las cosas lucen grises, planas y tediosas ¿Cual era pues la cantidad óptima de DMT? ¿Que influencia tiene el DMT en la forma en que percibimos la realidad?

Después de 30 años de prohibición de experimentos con psicodélicos le permitían a Rick Strassman reanudar las investigaciones de orden científica.

Para evitar los problemas que tuvieron las investigaciones previas se estableció el que la selección de las personas fuera muy cuidadosa para evitar los incidentes que se dieron con la investigación del LSD.

El diseño del estudio era muy sencillo, suministrar DMT a los voluntarios y medir la mayor cantidad de variables posibles, para evitar que las agencias regulatorias pararan la investigación.

Descartaron del experimento cualquier elemento de psicoterapia, esto es, no buscaban curar nada, simplemente realizar observaciones básicas como pulsaciones, supresores cardiovasculares etc.

A través de anuncios en revistas, Rick empezó a formar su equipo de voluntarios "Adecuados" esto es, personas que no abusaran de las drogas, que no hubiera riesgo de generar adicciones y profesionistas de preferencia.

Al iniciar los experimentos había temores en algunos participantes, pero el estar en una cama de hospital con todas las herramientas para rescatarlos les daba cierta tranquilidad.

Rick sabía de los riesgos y formó un equipo que pudiera atender de inmediato cualquier emergencia.

El reto era crear un ambiente seguro, confiable, cómodo e inventivo que disminuyera los riesgos de muerte y derrames cerebrales pero más que nada la salud mental de los voluntarios, durante y después de los experimentos, ya que se hablaba de dosis altas.

Si el cerebro es lo más complejo que se conoce, acelerarlo al máximo, generar una tormenta interna da como resultado complejidad extrema, si la percepción normal de las cosas es subjetiva, ya que depende de nuestra experiencia de vida, la alteración máxima de la percepción lleva a la subjetividad completa.

Una vez listo el equipo médico y las instalaciones se inició la selección de candidatos "Idóneos". esta selección sesgaba los resultados ya que sus "descubrimientos" no podrían generalizarse completamente, salvo en lo básico, pulsaciones, supresores cardiovasculares, temperatura etc.

Esto era el planteamiento oficial pero la hipótesis inicial era encontrar la relación entre los estados místicos religiosos y los alucinógenos.

Los anuncios se enfocaban a estudiantes graduados de la universidad. A este llamado acudieron más de 500 personas con las que se experimentó aunque en el estudio resaltan aquellas con mejores capacidades de expresión, algo que sesga más el estudio.

Si hay un cerebro brillante, lleno de imaginación y creatividad como el de un escritor, acelerarlo al máximo tendrá resultados proporcionales al contenido original, alguien con malos pensamientos tendrá cosas terribles cuando aceleren su cerebro y el viaje será de terror.

La escritora Susan Blumenthal es una de las voluntarias cuyo relato del viaje suena más interesante.

Susan había experimentado el peyote en ceremonias y le interesó la hipótesis de Rick acudiendo como voluntaria, al entrevistarla Rick le pregunta si le gustan las montañas rusas, ir por lo alto y bajar a toda velocidad a lo que ella contestó que las odiaba, Rick le advierte de lo peligroso y arriesgado que serán los experimentos y ella acepta.

Le incomodaba un poco el ambiente de hospital aunque sabía que una vez iniciado el viaje no era importante donde estuviera su cuerpo.

Los síntomas físicos iniciales eran muy semejantes en los participantes, "La cuenta regresiva es como ¡prepárate para morir¡, con la esperanza de que te regresen"

"Sientes un frío indescriptible que te recorre por las venas",

"Aumentan los latidos del corazón en forma incontenible"

"Una quemazón detrás del cuello"

"Un ruido muy fuerte que crece cada vez más hasta el punto de romper todo lo que se es o se conoce, se sigue incrementando la intensidad hasta que te rindes al sonido"

"Sientes una calidez dorada en el pecho que sube la cabeza"

"Sentí una tremenda presión en mis sienes y detrás de mis ojos, era tan fuerte la presión que sentía que mi piel se separaba de la cabeza"

"Un sentimiento muy físico",

"Pensé que me había muerto".

En cuanto a la descripción inicial del viaje había comentarios como "Vi nubes blancas", "No sabía si estaba muriendo o renaciendo", "El tiempo se desintegra", "Estás en la cabeza de Dios, el punto donde el tiempo colapsa sobre si mismo"

"Más y más capas de mi humanidad comenzaron a perderse hasta desaparecer cualquier cosa con la que te puedas identificar",

"No hay ningún concepto del tiempo"

"Estaba aterrada, jamás en mi vida lo había estado como en ese momento, me sentía expulsada de mi cuerpo"

"Sentía ir hacia mi ADN y al universo"

"Fui directamente hacia esa luz blanca, perdí toda noción de ser diferente del pasado y del futuro"

"No era yo, yo era todo", "Yo era la luz"

"Todo era succionado a alta velocidad como si no fuera nada, volaba a través de todo"

"Es como el núcleo de donde toda realidad emana, es de donde provienen los significados",

"Símbolos que se irradian".

"Estaban todas esa máquinas, estructuras o cosas que nunca había visto en mi vida y que no sabía para que servían"

"Esto proviene de una civilización avanzada".

Como vemos en este collage de expresiones de una escritora, un sicólogo, un ingeniero en sistemas y un médico, este "viaje" es totalmente subjetivo y sus visiones iban en el sentido de lo que eran y tenían en su mente elevado a la n potencia.

Si recordamos el capitulo sobre el dolor sabemos que la destrucción de células libera neurotransmisores que avisan al cerebro sobre ese daño, es evidente que el sobre estímulo de las neuronas generaba la muerte de muchas y la fuerza de la corriente electromagnética en el interior de las neuronas provoca una abundante y desproporcionada cantidad de neurotransmisores que rebasaban el espacio sináptico activando circuitos neuronales latentes y desconocidos por la conciencia, rompiendo conexiones establecidas y provocando otras no deseadas.

Esta primera parte del experimento dejaba claro que los alucinógenos destruyen neuronas, modifican circuitos neurales, activan circuitos no identificados, no conscientes, abre las incógnitas de como se formaron estos circuitos, ¿Que hacen en nuestro subconsciente?.

No se confirma la hipótesis plenamente como lo exige la ciencia pero tampoco la destruyen, abonan al conocimiento de los mecanismos del cerebro, dan material abundante para la reflexión, así como para la desinformación, promueve el consumo de alucinógenos, no advierte en la subjetividad de los resultados, pero no deja de ser fascinante el tema.

Se sabe que los monjes tibetanos tienen una fuerte experiencia en lograr estados místicos muy fuertes, recuerdo en los años noventa en el aeropuerto de Shenyang mientras esperábamos el avión que nos llevaría a Beijing, llegó un monje tibetano a la sala de espera y se sentía la energía del tipo, un hombre de más de 2 metros de altura, ignoro cuanto pesaba pero se veía muy robusto, estaba distraído leyendo cuando sentí su presencia, giré la cabeza para verlo y en su rostro se veía una gran paz pero su presencia generaba una energía que inundaba la sala, creo que a todos nos pasó algo semejante porque la mayor parte de la gente volteó a mirarlo.

Regresando al tema. Los relatos eran fascinantes, era la imaginación de hombres cultos, con maestrías y doctorados, pero "viajaban" a mundos diferentes, seguramente el que habían construido en su subconsciente era como una catarsis sublime donde expresaban sin temor sus pensamientos profundos, porque todo lo que dijeran sería tomado en serio.

Si fueron a otra dimensión, no fueron a la misma parte de esa dimensión o construyeron esa dimensión que describían porque era única para ellos.

"Ángeles que volaban majestuosamente por el espacio",

"En un momento dado tuve la sensación de estar en el mundo divino"

"No era solo un pensamiento, era un reconocimiento implícito"

"Fui liberada para ser la esencia del alma"

"Al terminar el efecto de la medicina existe la sensación de regresar al cuerpo".

¿Cuanto tiempo estuve fuera?, ¡Quince minutos¡, ¿Mil años de experiencia en 15 minutos? "Esto no es una cosa recreacional y no creo que alguien deba entrar a la ligera, esto te transforma la vida"

"Lo que vemos aquí es solo una pequeña parte de lo que es real, realmente me frustro porque obviamente no hay forma de demostrar a donde fui".

Muy cierto lo que dice en esta parte la escritora pero luego entra al terreno de la incertidumbre al afirmar "que estuvo con otras entidades otras formas de vida en el universo", después de estas elucubraciones dice algo importante de reflexionar, "En algún momento del futuro nuestra civilización será lo suficientemente avanzada como para deshacernos de estas anclas del pensamiento sobre lo imposible" y es cierto.

Hace solo un siglo no se sabía sobre las ondas electromagnéticas y el 99.9999% (Póngale los nueves que quiera) del volumen de nuestro cuerpo son campos electromagnéticos y cada pensamiento, cada reacción química dentro de nuestro organismo genera una onda electromagnética que se propaga en todas direcciones y solo la retina y la glándula pineal son sensibles a ondas electromagnéticas, la retina en la frecuencia de la luz y la glándula pineal no se sabe con certeza a que frecuencias, como tampoco se sabe si hay otros órganos que sean sensibles a las ondas electromagnéticas.

Cuando se analizan las ecuaciones de Maxwel sobre el electromagnetismo se nota que en los cálculos actuales tomamos una porción insignificante de ellas, incluso Einstein en su teoría de la relatividad las usa en una sola dimensión y solo una de las ecuaciones.

En este experimento siento la ausencia de físicos especializados en cuántica y otros especializados en la teoría del Caos que pudieran monitorear el estado del cerebro en esta hiperactividad momentánea.

Totalmente de acuerdo con liberarnos de las anclas de considerar las cosas imposibles pero tampoco hilar en el aire.

Rick se enfrentaba a la inconformidad de sus colegas y autoridades por los experimentos y tuvo que detenerse. Reconocía que no podía explicar lo que estaba pasando y haciendo. Llevar a las personas hasta el límite le parecía irresponsable, sin saber si realmente sabían lo que hacían, aceptaban o entendían.

Después de suspender sus experimentos concluyó que estaba lidiando con un fenómeno espiritual, conclusión sin un fundamento científico que reducen las posibilidades del experimento sobre todo por este tipo de conclusiones anticipadas que aunque pudieran ser ciertas no se ajustan al método científico.

Creo que uno de los errores de estas anticipadas conclusiones es tratar de explicarlos desde la sicología porque de alguna forma los vuelves a meter en el marco conceptual conocido en lugar de agotar la química cerebral y abordarlo desde la teoría electromagnética.

Una observación que le hacían era sobre la necesidad de ver realmente que pasa dentro de la fisiología del cerebro en estas experiencias y poder encontrar qué tanto es subjetivo y que tanto es objetivo.

Estos estados alterados de conciencia no son nuevos, hay vestigios de ellos en pinturas rupestres, monumentos, grabados a través de milenios, donde aparecen seres que suponemos eran extraterrestres, ángeles, espíritus, etc. en mitologías y cosmogonías.

La Doctora Standish llegaba a una conclusión interesante "Me queda claro que hay niveles superiores y trascendentales de la realidad y de que el cerebro no era el asiento de la conciencia sino un sintonizador de radio para algo más grande."

El doctor McKenna hacía unas preguntas interesantes aunque temerarias" ¿Porqué hay partes del cerebro que pueden ser como un detector de Dios?

¿Cual es la ventaja evolutiva de tener cierta parte del cerebro que pareciera ser un disparador o intermediador con lo trascendental?

Descartes afirmaba que la glándula pineal era el interfaz entre las dimensiones superiores y la dimensión material, de alguna forma estos experimentos retoman esa tesis.

"Realmente lo que buscamos fuera está aquí adentro", el escritor Graham Hancock, afirma que "hemos roto nuestra conexión con los espíritus al considerar que lo único que existe es el mundo material y tenemos que recuperarlo"

La doctora Harrison opina que deben seguir las investigaciones porque es la única forma que nuestra sociedad reduccionista le da valor a las cosas.

La pregunta más trascendental que surge en esta investigación es "Si la conciencia sobrevive a la muerte biológica" y si la costumbre de empezar por lo más sencillo nos ha llevado a poner por delante la materia a la conciencia cuando la Cuántica parece decir que la conciencia es primaria en el universo y la materia consecuencia de ella.

Al leer las conclusiones de este experimento pareciera que los caminos de la ciencia y la religión convergen de nuevo.

También es claro el riesgo de quienes ingieren estos productos, con o sin supervisión médica, de igual manera quienes practican la meditación a fondo tienen "experiencias controladas" y saludables mientras que los adictos pueden quedar en el viajes y siempre regresarán peor de como partieron.

Canal Iónico

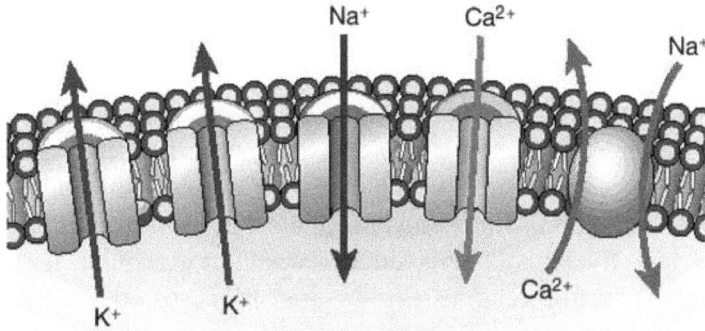

Cuando trato de entender o medio entender un proceso biológico me ayuda mucho enmarcarlo dentro de la definición del genio de la Cuántica Erwin Schrödinger quien en su legendaria conferencia de Dublín definía la vida como: "Una hermosa danza de Energía, información y entropía" y el concepto de complejidad.

En lo que hemos visto de la actividad neuronal la energía no puede ser otra que la energía electromagnética, la información, los neurotransmisores, la entropía el efecto de esta energía sobre las neuronas y los procesos la danza ¿Bailamos Chencha?

En el nivel de complejidad, los neurotransmisores corresponden a la química y el salto de tratar de explicar algo espiritual desde la química deja demasiadas dudas en el camino.

En esto de la danza de las neuronas es importante explicar de como funcionan y que son los llamados "canales ionicos"

La historia empieza con un tipo de molécula muy importante "Los aminoácidos" compuesto como su nombre lo dice con un amino y un ácido enlazados por un átomo de carbono, por cierto, la mayor parte de estos aminoácidos los puede generar nuestro organismo otros no, los tenemos que tomar de los alimentos, por eso la cantaleta de la mamá de "Niños coman bien" es vital ya que la falta de estos aminoácidos puede provocar problemas de salud ¿OK vegetarianos?

Los aminoácidos (No confundirlos con las aminowanas) son la materia esencial para formar las proteínas, cada organismo forma las proteínas que necesita, así que si usted come proteínas de tigre no comerá ferocidad ya que las proteínas se separan en el estómago en aminoácidos y el organismo las usa para formar sus propias proteínas de acuerdo a su ADN.

Bien pues los canales iónicos son proteínas que tienen unos canales acuosos los cuales se abren para permitir el paso de iones a través de las membranas de la célula, son como los guaruras de los antros dicen quienes pasan y quienes no.

Estos canales permiten el paso de iones para excitar nervios (Son como las suegras, lo ponen a uno de nervios) para activar músculos, para segregar hormonas y neurotransmisores, la transducción sensorial, sin ellos no sentiríamos nada, también son importantes para mantener los niveles de agua en el organismo, regular la presión sanguínea, la proliferación celular, los procesos de memoria y aprendizaje.

-¿Trajiste las tortillas ¡Viejo¡?-

-¡Chin¡ me fallaron los canales iónicos-

Algunos canales están siempre abiertos, en cuanto pasa un ión que tiene permiso pasa sin problema, pero hay otros que requieren de un estímulo externo para abrirse como un voltaje, una sustancia química, cambios en la temperatura.

Hay varios tipos de canales, entre los más populares son los canales de Sodio NA+, uno de los componentes básicos de la sal de mesa, Cuando se estimula una neurona entran los iones de sodio con carga negativa y se encuentran en un medio regularmente negativo debido a los iones de cloro CL- (el otro componente de la sal de cocina) si los niveles son suficientes se genera un potencial de acción que se va por los axones y libera los neurotransmisores.

Otro canal ionico es el de Potasio K+ que dentro de sus muchas funciones interviene en el reposo celular y la contracción de los músculos, de ahí el consejo cuando le dan calambres a una persona, de que coma un plátano para ingerir potasio, evidentemente el calambre se quitará por otros procesos no por la ingestión de un plátano que tardará un buen tiempo para entregar potasio al músculo acalambrado.

Están también los canales iónicos de Calcio Ca2+ y los de Cloro CL-, por cierto los venenos de araña, escorpión, serpientes, suegras etc. obstruyen el funcionamiento de estos canales inmovilizando a sus víctimas, los canales iónicos intervienen en una gran cantidad de procesos dentro del organismo, son como las llaves de agua o interruptores de luz en una casa o en una fábrica.

Lazo Neuronal

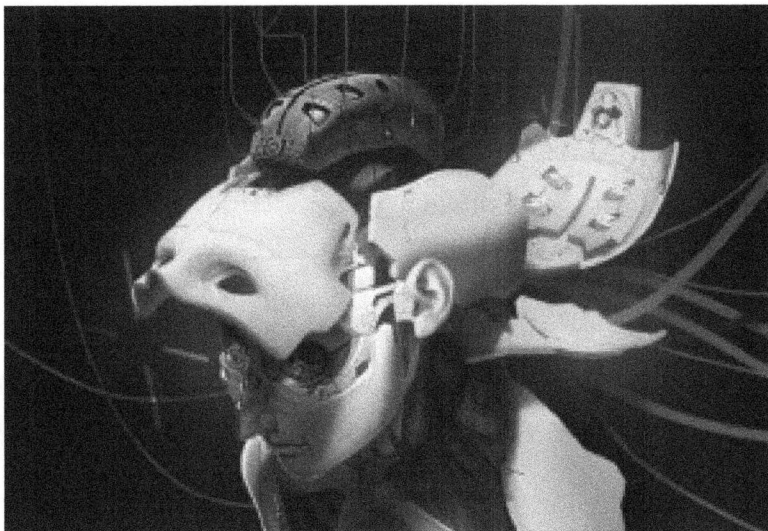

Recién ingresado a la Facultad de Ingeniería, al término de las clases pasaba por el taller de Don Samuel, un joven de 73 años, a platicar.

Don Samuel tallaba madera, pintaba al óleo y arreglaba relojes.

Una de sus especialidades era hacer prótesis de madera, en una ocasión me tocó ver como hacía una mano de madera resaltaba las venas, arrugas y sobre todo se esmeraba en el color, cuando llegó el cliente la atornilló a un especie de guante que se sujetaba al muñón, el cliente no paraba de darle las gracias y pedirle a Dios que lo bendijera.

Cuando se fue el cliente le dije: Me comentó que esto era muy bien pagado y no vi que le pagaran, sonriendo me contestó: Cuando el cliente es Dios la paga llega en abundancia.

Teníamos en común una afición por leer a Isaac Asimov así que el tema de esa tarde fue el libro Yo Robot, donde la historia se centra en un robot que hacía prótesis para humano, la pregunta que nos hacíamos en aquel tiempo, era sobre cuándo podríamos hacer manos que se movieran con el cerebro, le comentaba a él que se habían inventado unos dispositivos electrónicos llamados circuitos integrados que en unos cuantos centímetros cuadrados tenían hasta 25 transistores y que había un nuevo motor que se podía mover por grados.

Han pasado algunos años de esta plática, casi treinta, pero no lo diga en voz alta y el viernes recordé esta plática porque entrando al FabLab de EL Paso Texas, una maestra universitaria armaba una mano mecánica que los niños habían impreso en partes, en una impresora 3D, le ponían alambres de acero conectados a pequeños motores manejados a su vez por un microprocesador conectado a una PC, los niños movían los dedos de la mano a placer.

Al inicio de los años ochentas apareció en el mercado de las PC un lenguaje llamado PROLOG que decía ser de Inteligencia Artificial, lo estudiamos un tiempo y concluimos que no eran más que funciones que se podían hacer en C o en BASIC más amigable que el LISP pero nada que escribir a casa.

Pero hay niños que como crecen, la Inteligencia Artificial amenaza con superar con creces a la inteligencia humana y las partes artificiales pronto superarán a las naturales.

Elon Musk un importante empresario de tecnologías de punta, un líder muy influyente ha dado el alerta de que los dueños y desarrolladores de Inteligencia Artificial pueden tener una supremacía peligrosa y decidió donar la tecnología que había desarrollado en Inteligencia Artificial a todo el mundo que se interese en ella por lo que abrió la plataforma OPENAI en su plataforma Universal donde sin costo se puede usar y modificar.

Pero ahora ha ido más lejos, funda una empresa a la que le ha dado el nombre de Neuralink (Lazos neuronales) con la que pretende instalar pequeños electrodos en el cerebro para transmitir pensamientos y controlar màquinas y dispositivos desde el mismo cerebro, crear hombres súper inteligentes.

La idea de esta compañía es potenciar las capacidades cognitivas del hombre a través de la Inteligencia Artificial lo cual en mi pueblo merecerá un "Ooooorale".

Oficialmente ha dicho "Creo que la mejor solución es tener una capa de inteligencia artificial que pueda funcionar biológicamente dentro de nosotros"

Elon Musk

Cualquier coincidencia con "Yo Robot" es pura realidad, aunque en papel suena "fácil" habrá que crear nuevas formas de comunicación, las computadoras funcionan con unos y ceros, el cerebro con conexiones. La eficiencia energética humana es muy alta; las baterías son voluminosas y poco eficientes, el acero es pesado.

La noticia es que en experimentos aislados ya han sido resueltos la mayor parte de estos problemas, ya hay materiales extremadamente ligeros como el fureleno, los desarrolladores de retinas artificiales ya han hecho computación con conexiones tipo neuronales, etc. Por lo que este anuncio de Elon Musk hay que tomarlo muy en serio y formar equipos multidisciplinarios para no quedarnos a la zaga de lo que ya no es ciencia ficción sino una realidad que a corto plazo cambiará radicalmente nuestra forma de vida.

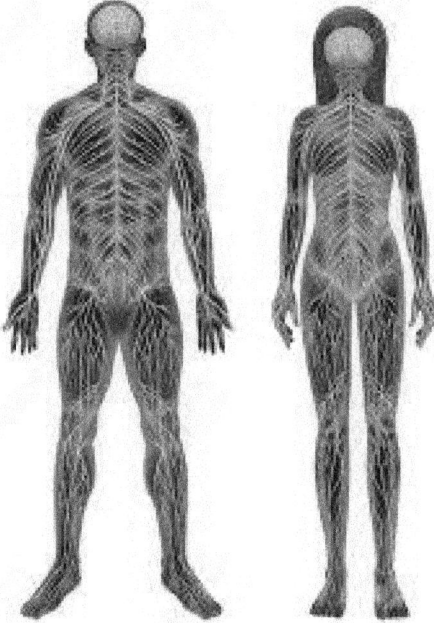

-¡Que cruda compadre¡ está temblando-

-¡No¡ ¡No¡ Así es mi sistema nervioso-

Hay una expresión popular que dice "El Total es más que la suma de las partes" frase que normalmente se usa para estimular el trabajo en equipo.

La Teoría de la complejidad Biológica va más allá y les llama propiedades emergentes, esto es, cuando unos átomos se juntan para formar moléculas estas tienen propiedades que no tienen los átomos y así se va ascendiendo, las moléculas forman nódulos, estos células, aquellas tejidos, estos órganos, los órganos sistemas y así sucesivamente, en cada salto aparecen nuevas propiedades y funciones.

La potencia del cerebro aparece cuando se acompaña del sistema nervioso, sin el no puede percibir ni actuar, los nervios se ramifican por todo el cuerpo formando una impresionante red de comunicación, para poder identificar toda esta maraña de hilos se les ocurrió dividir en dos partes de acuerdo a su ubicación, el sistema nervioso central y el periférico, pero luego hicieron una descripción funcional y todo quedó más enredado.

El Sistema Nervioso Central descrito de arriba a abajo aparece el encéfalo, que es toda esa masa protegida por el cráneo donde está el cerebro, el cerebelo y el tallo cerebral.

Del cerebro ya platicamos anteriormente pero guarden en su mente al cerebelo porque luego les platicaré algunos chismes de esta parte tan importante y tan olvidada, le adelanto que junto con el mesencéfalo y tronco cerebral se encarga, entre muchas cosas, de mantenernos vivos y genera algo que los "Piscólogos" llaman mente subconsciente a la que le dedicaremos muchos capítulos.

Viene luego el Tallo cerebral que conecta el cerebro con la médula espinal al cual por propósitos de análisis lo dividen en tres partes: Mesencéfalo, Protuberancia anular y bulbo raquídeo.

El mesencéfalo (Apa nombrecitos) une al cerebelo con el diencéfalo, la protuberancia anular une el mesencéfalo con el bulbo raquídeo.

El bulbo raquídeo es la parte inferior del Tallo Cerebral y se encarga de controlar, sin preguntarle a usted, de las funciones cardiacas, respiratorias, gastrointestinales y vasoconstrictoras.

Estas funciones las conocemos ampliamente, quizás de lo que si sería buen platicar es de los vasoconstrictores que en buen español es contraer el diámetro de los vasos sanguíneos para limitar el flujo de la sangre, les manda la señal a las glándulas suprarrenales para que generen una hormona neurotransmisora (es hormona y neurotransmisor a la vez) que conocemos popularmente como adrenalina que a su vez incrementa la frecuencia cardiaca, contrae los vasos sanguíneos, dilata los conductos de aire y participa de forma importante con la reacción "Huyes o peleas", ya platicaremos a detalle de esto.

Luego aparece la médula espinal, un cordón que va por el interior de la columna vertebral que se encarga de llevar los impulso eléctricos a 31 pares de nervios, llevando órdenes y recogiendo estímulos pero luego toma decisiones sin consultar al consciente.

Si usted toma una objeto que esta caliente en demasía no le pregunta si retira la mano, lo hace de inmediato como acto reflejo, es un aporte importante del sistema nervioso central .

Esto fue el sistema nervioso central, luego viene el sistema nerviosos periférico que comprende todos los nervios que salen del sistema central y recorren el cuerpo.

En el cerebro tenemos el nervio olfatorio, aquí si su nombre lo dice todo, es el que se encarga de convertir olores a impulsos eléctricos y enviarlos para que se procesen y se tomen las decisiones conducentes.

Nervio óptico solo recibe información y la envía de un proceso verdaderamente fascinante, la vista.

Nervio motor ocular, el encargado de estimular los músculos que mueven los ojos.

Nervio patético (ahí te hablan compadre) es el que controla los movimientos del globo ocular, acciona cuando usted se quiere ver la nariz o quiere ver a los lejos un paisaje.

Nervio trigémino, tan bien que ibas con los nombres lógicos, este nervio es receptor y transmisor, recibe sensaciones de la cara y controla los músculos que mastican.

Nervio abducen, no es extraterrestre, ni ha sido abducido, maneja el músculo recto del ojo.

Nervio facial mueve los músculos de la cara y recibe datos de la parte anterior a la lengua, así que cuando no le gusta algo usa el mismo nervio para darse cuenta y protestar.

Nervio auditivo, regresamos a la lógica, es el que recoge los sonidos y aprovechando el viaje trasmite información del equilibrio y la orientación ya que en el oído están esas ampollas que nos ayudan a mantenernos erguidos.

Nervio glosofaríngeo es multifuncional es sensitivo para la mucosa de la faringe, la amígdala palatina, una parte de la lengua, del oido, siente la presión arterial, acciona algunos nervios de la faringe y acciona la glándula parótida (¿No habría a la mano otros nombrecitos?)

Nervio vago, aquí si le atinaron con el nombrecito porque el nervio vago anda por todos lados, sale del bulbo raquídeo se va por la faringe, el esófago, la laringe, la tráquea, los bronquios, el corazón, el estómago, el páncreas, el hígado y demás vísceras, curiosamente es uno de los nervios más protegidos en el cerebro.

Nervio espinal, mueve la cabeza.

Nervio hipogloso, es el que mueve la lengua, muy desarrollado en algunas mujeres (je je).

Luego vienen 31 pares de nervios que salen de la espina y tienen como trabajo recoger todas las sensaciones del cuerpo como tacto, dolor y temperatura además de mover los músculos del cuerpo.

Si usted logró estar despierto después de esta letanía, hasta este punto lo felicito pero es bueno aclarar que no necesita saberse de memoria los nombres de los nervios y las partes del cerebro, lo verdaderamente importante es que sepa que el cerebro está conectado totalmente, que recibe información y actúa sobre cada parte de nuestro cuerpo y estas funciones las podemos dividir en consciente e inconscientes dos grandes áreas casi autónomas pero fuertemente ligadas en una que es el ser humano.

En condiciones normales estas deberían de actuar en forma armónica bajo el primer mandamiento SOBREVIVE pero no siempre es así, las modas, instintos etc. Nos lleva a contraponer la conciencia contra el subconsciente generando deterioro y en el extremo la muerte.

Usted no se tiene que preocupar porque su corazón lata, sus células se reproduzcan, los alimentos se integren pero si puede dañar este proceso por lo que el conocimiento de los fenómenos subconscientes adquieren una relevancia absoluta.

Las partes del cerebro

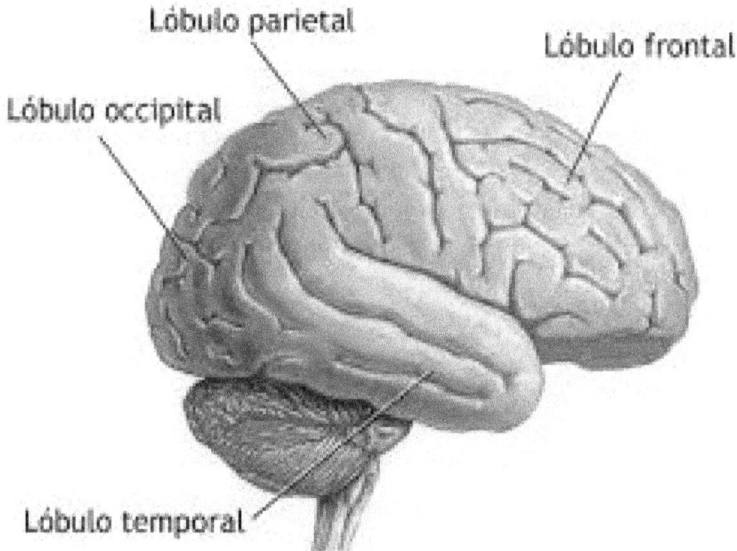

Lóbulo parietal

Lóbulo frontal

Lóbulo occipital

Lóbulo temporal

-¡No, compadre¡ a mi solo me faltó una materia para terminar la escuela-

-Pues ha de haber sido la materia gris-

Ponerle nombre a las cosas ha sido algo en que la ciencia ha sido caótica, en ocasiones el nombre viene de la forma geométrica, del parecido con algo conocido, el nombre del descubridor, algún pasaje novelesco etc. Un verdadero desorden que termina confundiendo a quien quiere encontrar el significado en el nombre, en el caso del cerebro no es la excepción.

Me imagino, no hay acta de bautizo, que cuando los primeros científicos sacaron un cerebro del cráneo vieron que esa masa arrugada tenía la forma de la mitad de una esfera con una división en el centro, así que lo primero que se les ocurrió fue llamarlo hemisferio y diferenciar el izquierdo del derecho.

Luego vieron otras fisuras y dividieron el hemisferio en lóbulos, aquí usaron la posición para llamarlos, los que estaban en el frente les pusieron lóbulos frontales, los que estaban al lado o en las paredes, no se secaron el coco y les pusieron parietales, lóbulos parietales, los lóbulos que están en las paredes.

Luego al lóbulo que está abajo del parietal le pusieron temporal ¿Porque? Pues se les ocurrió, luego el lóbulo que estaba en la parte posterior se les ocurrió ponerle lóbulo occipital porque está cerca de un huesito que ya había sido bautizado con el nombre de occipucio, que trabajo les hubiera costado ponerle lóbulo posterior para ser consistentes con los otros nombres.

Luego al quinto lóbulo que no estaba visible le ponen la Insula (Isla de Reil), está localizado en el fondo de la cisura de Silvio. Entonces le dice Silvio a Rolando:

-Bueno y nosotros ¿Dónde quedamos? –

-¿Que te parece si a la fisura (Cisura) de enmedio de el Lóbulo frontal y el parietal, le ponemos fisura de Rolando y a la fisura que separa el temporal le ponemos Fisura de Silvio?

- ¿Y porque a mi la de abajo?

Como en aquella época no había equipos de resonancia magnética a través de deducciones y análisis de daños cerebrales y su relación con las actividades del cerebro asociaron las funciones cerebrales a estas partes del cerebro.

Al Lóbulo frontal le achacaron los movimientos voluntarios, el razonamiento, la resolución de problemas, la memoria, las emociones y el lenguaje ¿Que más hay? Bueno todavía quedan cuatro lóbulos.

El lóbulo parietal maneja la percepción, reconoce y procesa los estímulos táctiles como la presión, la temperatura y el dolor, aunque algunas veces la médula espinal procesa estas señales, como cuando llega hambriento de la calle, entra a la cocina y sin pensarlo toma el sartén que está caliente, de inmediato lo suelta sin pensarlo y es que la médula espinal le salva la piel sin su consentimiento.

La manipulación de los objetos se da también en esta zona ya que se necesita una realimentación a cada movimiento la cual nos permite realizar movimientos complejos, el conocimiento numérico y el lenguaje también se da en esta zona, aunque en ciertas ocasiones participan otras áreas.

El Lóbulo Temporal se encarga de los sonido, olores y el equilibrio, a quien diseñó el cuerpo humano se le ocurrió poner en el oído interno unas ampollas con liquido y sensores llamados crestas que son los responsables del equilibrio, por eso una recomendación de los entrenadores de boxeo es que se golpeé abajo del oído para que el otro boxeador caiga por perdida de equilibrio.

En este lóbulo también se procesan emociones, procesos de coordinación, memoria y reconocimiento de caras, esto del reconocimiento de caras no es nada trivial, el cerebro asigna recursos en serio para el reconocimiento de rostros, podemos ver en la cara, sentimientos, estado de ánimo, salud, intensiones y distinguir entre un número ilimitado rostros diferentes aunque tengan un gran parecido, algo que no podemos hacer con los demás objetos.

En el caso del lóbulo occipital, el que está hasta atrás, sin haber tomado, es el lugar donde se procesan las imágenes y se efectúa el reconocimiento espacial es el que nos responde la pregunta ¿On tas?

Siempre que leo o escucho esto del occipucio recuerdo que una vez en la preparatoria nos parábamos afuera de la escuela para ver salir las muchachas, Rubén era el bromista del grupo, un día nos dijo, "Miren, ven aquella muchacha de chongo con el cuello descubierto y minifalda, le voy a decir que se le ve el occipucio y va a arreglarse la falda, esperamos a que pasara y en el momento de que cruza le dice muy ceremonioso:

-Sarita se te ve el occipucio-

Se voltea y le contesta:

-¿Ya ti que se te ve #$%/&*?

Soltamos la carcajada y en adelante lo saludábamos con un leve golpe en la nuca y un ¿como estas occipucio?

Finalmente, La Ínsula es un centro de interconexión e interoperabilidad entre el sistema límbico (emociones) y el neocórtex (encargado del razonamiento) luego los veremos muy a detalle.

No agotamos las partes del cerebro sino el espacio de este capitulo por lo que seguiremos platicando de este fascinante órgano que es el cerebro.

Cerebelo

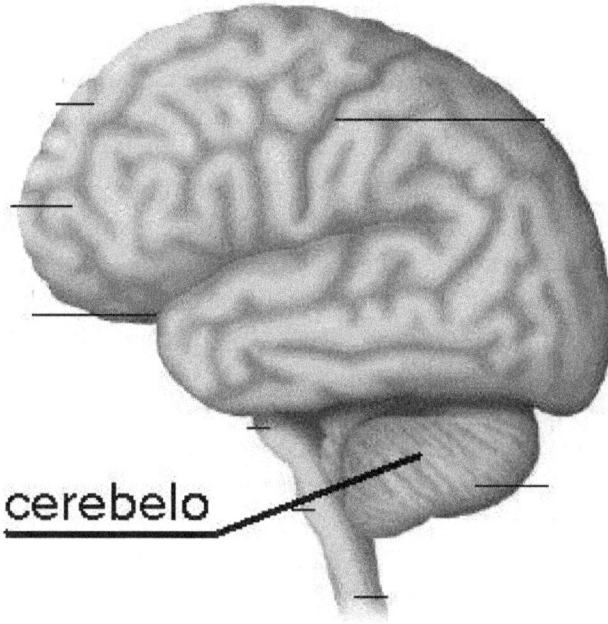

cerebelo

-No¡ ¡No¡ compadre no quise decir eso ¿Como cree?-

-¡Ja¡ ¡Ja¡ claro que si, lo que pasa es que lo traicionó el subconsciente-

Se habla mucho de la conciencia, haciendo a un lado el esoterismo y yerbas afines, podríamos decir que la conciencia nos permite pensar y al mismo tiempo observar nuestro pensamiento, instintos, acciones y emociones.

Es, según los antropólogos, la parte más moderna del hombre en su proceso de evolución, dentro de lo más interesante es que aquí radica el libre albedrío, nuestros pensamientos, aprendizajes, la posibilidad de recordar, crear, soñar o mejor aspirar, elegir, comunicar, estudiar y razonar podemos decir que es el yo o el usted, el que está al mando del ser, nuestra personalidad.

Sin embargo hay funciones como la respiración, los latidos del corazón, la digestión, la eliminación de toxinas en pocas palabras funciones cuya única labor es mantenernos vivos y darle soporte a la conciencia.

Con propósito de modelaje hay quienes hablan de dos cerebros, el objetivo y subjetivo o dos inteligencias , algunos le llaman consciente y subconsciente, aunque son los nombres más antiguos me gustan porque no desdoblan la persona ni creamos imaginarios de dos o tres mentes en un cuerpo y otras elucubraciones, que aunque suenan muy bonito y nos ayudan a entender mecanismos complejos, nos desvían del camino.

Usted no necesita estar consciente para respirar, pero si puede cambiar su respiración, tampoco puede ordenar que se haga la digestión pero si puede arruinarla, lo cual nos dice que hay una relación profunda entre el consciente y subconsciente.

Podemos percibir el mundo y actuar en consecuencia gracias a la conciencia pero al dormirnos dejamos de percibir y surge la pregunta ¿Quien se queda al mando? ¿A donde nos vamos?

Ubicamos la conciencia en el neocórtex y al subconsciente en el mesencéfalo, el cerebelo y el tronco cerebral.

Si nos preguntaran ¿Cual es más capaz? de inmediato contestaríamos el neocórtex, ¿Quien tiene las neuronas más complejas? tendríamos de inmediato la misma respuesta, sin embargo aquí nos llevamos la primera gran sorpresa.

Las neuronas del neocortex pueden manejar hasta 40,000 conexiones cada una, eso es mucho dados los millones de neuronas en el neocortex pero si revisamos el cerebelo ahí hay unas neuronas llamadas de Purkinje (el que las encontró) cuyas dendritas no forman ramas sino árboles de dendritas que pueden formar entre 100,000 y un millón de conexiones, dos mil veces más que las del neocórtex.

Si usted tiene suficiente edad o ha visto películas de la época en un tiempo las conexiones telefónicas se hacía con una operadora que conectaba una línea con otra, la inteligencia de este sistema era la telefonista, después aparecieron las centrales automáticas y a través de un disco se daban las instrucciones para la conexión. Hoy en internet se generan miles de millones de conexiones a través de una red mundial donde millones de computadoras se encargan de manejar esta conexiones físicas y virtuales.

Entre más conexiones maneje un nodo de internet, mayor será la cantidad de equipo y la complejidad de su software. Un nodo que maneje un millón de conexiones físicas tendrá que contar con un edificio de instalaciones y personal especializado.

¿Como le hace una neurona del cerebelo para manejar un millón de entradas, teniendo tan solo un diámetro de 40 micras?, el solo hecho de identificar cual es la dendrita por la cual entra la información, de que circuito neural proviene la información y a donde enviar la información que llega nos pone en serios problemas para imaginarnos el como le hace.

El cerebelo integra toda la información del consciente y subconsciente para reenviarlas a las vías motoras y recibir la información de las vías sensitivas para enviarlas a la corteza cerebral y al subconsciente.

Enumerar las funciones y partes del cerebelo tomaría fácilmente un libro. Lo importante es destacar la enorme importancia de este órgano para percibir el mundo y accionar en él, así como la información que el subconsciente envía al consciente y conserva de él para alimentarlo en sus momentos de toma de decisiones.

Los sicólogos y otros hombres de ciencia han estudiado el subconsciente en forma intuitiva, con prueba y error, con análisis de hechos que ocurren en sus pacientes, con un alto grado de subjetividad y margen de error, pero ahora los neuro científicos están a la caza de circuitos neuronales que puedan ser definitivos en el conocimiento de la naturaleza del subconsciente, conocimiento que nos permitirá vivir más y mejor al conocer y manejar nuestra propia naturaleza en su forma más profunda, el subconsciente.

El inconsciente y la inteligencia artificial

Hacemos lo que hacemos
Porque somos como somos
Filósofo de Güemes

Se ha preguntado alguna vez el "porqué hace cosas que no debía o no quería hacer" ese pastelito del que solo había querido comer un pedazo y acabó con el. Ese grito que rompió una relación cuando se había jurado no volver a hacerlo.

Cosas que nos parecen irracionales que cometemos muy frecuentemente.

La respuesta lógica que se me ocurre es que la razón no siempre está al mando de nuestros actos.

Por ejemplo ¿Quien toma el control cuando nos dormimos? ¿De donde salen todos esos sueños raros? ¿Porque flotamos en los sueños o hacemos tantas cosas que sabes perfectamente que no se pueden hacer?

¿Quien está atento a que respiremos siempre? a que nuestras células se reproduzcan adecuadamente, a que liberemos las toxinas, Asimilemos los alimentos, generemos proteínas, las procesemos, nos curemos, evitemos y eliminemos virus y bacterias nocivas, en fin de mil procesos que se realizan en nuestro cuerpo sin que tengamos conciencia.

Bueno, si no es la conciencia será el subconsciente o el inconsciente y aquí entramos a un rollo interminable, con una historia que se inicia con el conocimiento humano y que hoy en día no es totalmente concluyente.

Para Heráclito el inconsciente era "El logo, un pensamiento sin sujeto" y afirmaba que "La auténtica naturaleza de las cosas suele estar oculta"

Diógenes, el de la lamparita, afirmaba algo vigente en nuestro tiempo pero con la increíble posibilidad de cambiar "No llegarías a encontrar, en tu camino, los límites del alma, ni aun recorriendo todos los caminos: tan profunda dimensión tiene".

Para él, el inconsciente lo es todo y el consciente lo define tan solo como:

"Durante la vigilia, se asoma de nuevo a través de sus canales perceptivos como si fueran ventanas y tomando contacto con lo circundante se reviste de su poder de razón"

Actualmente, esta tesis ha sido tomada por un investigador que afirma que nuestro cerebro es solo una terminal conectada al conocimiento universal, que Aristóteles definiría como el estático.

Platón por su parte, menosprecia al subconsciente y lo sujeta a la conciencia:

"El inconsciente es el imperio del deseo anulador de toda razón, esos contenidos inconscientes son pensados bajo el modelo de la conciencia e incluso de una conciencia superior matemático racional, olvidada por, o dormida en el individuo a causa de su alienación en el cuerpo, que le impone pensamientos ajenos, servidumbres a la realidad material".

Pero no crea que esto es una exageración, el pensamiento platónico, era el pensamiento dominante en nuestra cultura desde que el imperio Romano adoptó el cristianismo hasta que Santo Tomás de Aquino introduce el pensamiento Aristotélico a nuestro tiempo provocando el renacimiento.

Platón liga al inconsciente con la pasión, la manía, la locura y el delirio, "ese entusiasmo que anula la reflexión y el pensamiento lógico".

Aristóteles describiría el consciente e inconsciente:" existe un intelecto que es capaz de llegar a ser todas las cosas y otro capaz de hacerlas todas;"

Iría más lejos aún al describir el inconsciente, "No todo conocimiento o pensamiento es consciente, en cuanto que, ni siquiera toda percepción lo es"

Algo que ha motivado profundos estudios sobre los mecanismos sensoriales y sus conexiones con el inconsciente y consciente, así como "Los sentidos atrofiados"

Heráclito definía el inconsciente como: "Es un pensar asubjetivo, sin sentido o punto cero del sentido, que es el desorden de la Naturaleza u orden no antropomórfico" este pensamiento se encuentra en muchas "Modernas filosofías" pero plantea interrogantes interesantes que conducen a nuevas investigaciones como "¿Habrá otra forma de ordenar el pensamiento, no racional?

Casi todo los filósofos modernos mencionan al subconsciente, algunos tratándolo con cierta originalidad como Heidegger, Nietzsche, Descartes, Spinoza etc. y otros de forma "tradicional" si es que pudiera decírsele así, pero dada la complejidad del inconsciente pareciera que todas las teorías caben, bajo cierto respecto.

Quien hace toda un ciencia de ello es Sigmund Freud para él, el inconsciente ya no es una "supraconsciencia" o un "subconsciente", situado sobre o más allá de la consciencia; se convierte realmente en una instancia a la cual la conciencia no tiene acceso, pero que se le revela en una serie de formaciones como los sueños, los lapsus, los chistes, los juegos de palabras, los actos fallidos y en los síntomas."

Habla de un inconsciente inundado de contenidos reprimidos a los que se les ha impedido el acceso a la conciencia.

Crea toda una serie de técnicas para hacer consciente lo inconsciente venciendo ciertas resistencias, introduce términos como 'Fijaciones" a pensamientos sin sentido y habla de "pulsiones" como impulsos síquicos irracionales o de una fuente interior no controlada.

"El inconsciente está estructurado como un lenguaje. Bajo su propia lógica diferente a la racional y cognitiva, produciendo efectos en la vida cotidiana.

El inconsciente no es irracional, tiene una lógica que organiza el discurso y a sus formaciones, actos fallidos, sueños y síntomas"

Sin embargo, su estudio sobre el inconsciente parece centrarse más en las mentes enfermas y deja de lado la potencialidad de un inconsciente trabajando al lado de un consciente como respaldo de él.

Ante el avance de las ciencias exactas y su incursión en las ciencias sociales o humanidades estamos ante la posibilidad de unir todas esas teorías y lograr un modelo que nos explique más a fondo las propiedades y funcionamiento del SER.

Parece ser que la respuesta está en la Inteligencia Artificial.

Hoy tenemos la posibilidad de analizar millones de casos, millones de posibilidades, millones de libros y tratados simultáneamente y unirlos en forma inteligente para generar conocimientos generales aplicables a casi cualquier persona.

La Psicología cognitiva se esta ocupando del estudio de los procesos mentales implicados en el conocimiento, ¿Como percibimos? ¿Como almacenamos información en la memoria? ¿Como aprendemos? ¿Como se forman los conceptos? ¿Como razonamos?

La inteligencia artificial nos está permitiendo almacenar, recuperar, reconocer, comprender, organizar la información recibida a través de nuestros sentidos, pero más aún, información que no nos percatamos de que la recibimos y otras más que nuestros sentidos no registran.

Para lograr esto, la psicología cognitiva se apoya de la Inteligencia Artificial, la Neurociencia, Psicología, lingüística, antropología y filosofía, a diferencia de la psiquiatría, la conducta no se basa en instintos, pulsiones o estados de activación sino en los pensamientos de la persona sin distinción de consciencia o inconsciencia.

La gran diferencia con la psicología tradicional es que acepta el método científico y rechaza la introspección como la usada en el psicoanálisis, además plantea estados mentales como creencias, deseos y motivaciones.

En el futuro veremos los resultados del análisis de miles de millones de conversaciones en las redes sociales que nos puedan llevar a conceptos universales de la conducta humana, a la generación de leyes y normas de convivencias más "sanas" que las actuales, basadas en algo más que utopías o buenos deseos, además generará una nueva cultura del conocimiento y ¿Porque no? una cultura universal .

Perceptrons

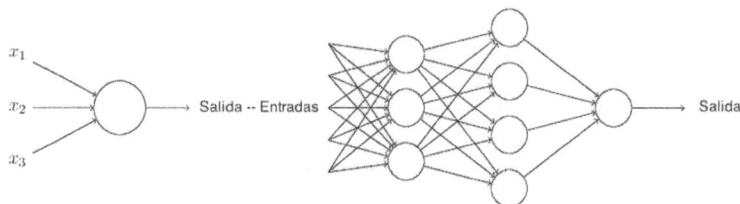

-¡Vamos a la fiesta, compadre¡-

-Estoy muy cansado y ya me puse pijama-

-Va a haber comida y bebida-

-Está muy lejos y luego no hay camión de regreso-

-Va a ir Lupita-

-¿De veras?-

 -Claro, la vi ayer y me dijo-

-Pues vámonos-

Como vemos aquí el compadre tenía cuatro razones para no ir, estaba cansado, ya traía pijama, el lugar le parecía lejos y no había transporte de regreso.

Le dieron dos razones para ir, había comida y bebida, estas razones no fueron suficiente para convencerlo, pero al agregar una tercera cambia su respuesta, las ventajas ahora eran mayores que las desventajas, si las contamos pensaríamos que 3 ventajas no debían superar a 4 desventajas pero al inclinar la balanza debemos de entender que el peso de las ventajas era mayor que las desventajas.

Pero todo esto ¿Que tiene que ver con las neuronas?.

Cuando nuestro maestro nos dice que el cerebro piensa con las neuronas muchos nos podemos quedar con esa respuesta, ya sabemos como trabaja el cerebro, con neuronas.

Pero otros preguntarán ¿Como trabajan las neuronas? Y la respuesta será, bueno forman redes conectando axones con dendritas, llega un estimulo a una dendrita y esta se puede disparar generando una señal por su axón que a su vez excita a otra neurona y así sucesivamente, ahí puede quedar todo.

Pero no faltará el que diga ¿Y que significa que se conecten?

Hasta hace algunas décadas si el maestro de biología contestaba esta pregunta casi seguro caía en la filosofía, Teología, metafísica o ciencias ocultas porque la verdad era que no se sabía a ciencia cierta.

Por los años sesenta un tipo llamado Frank Rosenblatt se le ocurrió hacer un aparatito electrónico que aprendía y le llamó pomposamente Perceptron, ¿Porqué Perceptron pudiéndole haber llamado Neuroncito o algo más fácil? Quizás para impresionar a su novia o vender muchos libros sobre los mecanismos del cerebro.

Aunque ya es superado este modelo sirvió mucho para modelar el cerebro y apoyar a la inteligencia artificial, vamos a ver el caso del compadre y probarlo en un perceptron.

Tenemos una neurona con varias dendritas y un axón, en las dendritas o entrada ponemos las razones buenas y malas para ir a la fiesta y en la salida la respuesta binaria voy o no voy, sin términos medios.

Vamos a poner en cada entrada una razón y la vamos a representar por x *w, equis nos dirá si está presenta la razón y su valor podrá ser 1 o 0, está o no está y en w el peso de la razón.

Por otro lado vamos a establecer el umbral de decisión b, esto es, el peso de las razones suficientes para que la respuesta sea "Si" o sea que la salida sea 1.

Si la suma de las razones es mayor que el umbral, como dicen en mi pueblo, es que ya le llegamos al precio.

A está cansado le ponemos un -2, negativo porque es una razón para no ir, al tener la pijama le ponemos un -1, la comida que se va a dar le ponemos 2, positivo porque es a favor de que vaya, la bebida otro 2, luego aparecen "El está muy lejos" para atrás los fielders tenemos un -2 y "no hay camión de regreso" un -4,

Vamos a ver como va la puntuación. "Está cansado" es cierto es 1 con un peso de -2 multiplicamos 1* -2 y tenemos -2 hacemos lo mismo con los demás y tenemos 1*-2+1* -2 + 1*2+1*2+1*-2+1* -4 hasta este momento llevamos – 6 puntos y dado su estado anímico anda en un umbral de 4 necesitamos más de 10 puntos para superar el no y que salte de la cama el compadre, se bañe y tome el camión con su amigo para ir a la fiesta, bien pues viene el argumento de que va ir la Lupita y se supera el umbral, luego el peso de Lupita debe ser mayor a 10.

Si en la fiesta le gustó la comida y bebida pero sobre todo conquistó a Lupita la próxima vez el peso de Lupita será aún más determinante, pero si no pasó nada con ella y el regreso fue terrible a lo mejor la carga negativa del regreso hará que en la próxima cambie la decisión.

Si este perceptor lo pasa a un modelo matemático y hace un programa en computadora, esta podrá evaluar la decisión del compadre y si guarda los pesos en memoria y los actualiza en base a los resultados de la fiesta, la próxima vez que se use su predicción será mejor, esto es que el perceptor está aprendiendo.

Si este perceptor lo conecta con otro y el otro con otro más y así sucesivamente tendrá una red de perceptores que hagan cosas complejas y lo más importante que aprendan, que tengan inteligencia, artificial por supuesto.

Psicología Cognitiva

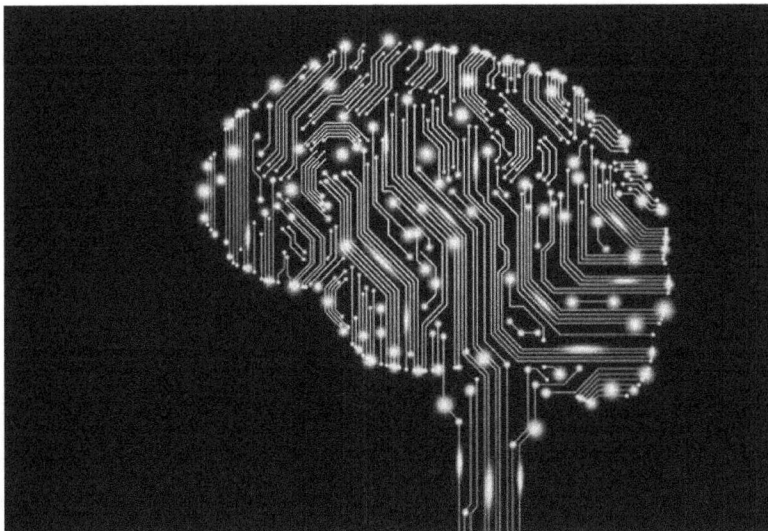

Cuenta la leyenda que en una ocasión llegó ante la oficina de un médico famoso y distinguido una muchacha hermosa acompañada de su madre .

El doctor muy solemne le dijo:

-Pasen -

 -Desnúdese por favor señorita-

-No doctor, es mi madre la que está enferma-

-A ver señora saque la lengua-

Tradicionalmente el doctor, cuando íbamos a visitarlo, nos pedía que sacáramos la lengua, nos revisaba los ojos, las orejas y nos daba a un golpecito en la rodilla para ver qué tal estábamos reflejos.

Bien pues este golpecito en la rodilla es una los casos clásicos de circuitos neurológicos.

Tenemos un nervio sensor qué transmite la sensación de golpe al la medula espinal que es parte del sistema nervioso central y este inmediatamente responde automáticamente sin que la información vaya al consciente mandando una señal al tendón para que extienda la rodilla.

Tenemos miles de circuitos neuronales en todo el organismo los cuales nos hacen funcionar.

Si una sustancia nos falta en el organismo los sensores químicos generan información para que se produzca en el hígado, en el páncreas o en el órgano correspondiente.

Estos circuitos no se circunscriben nada más a cosas físicas tenemos circuitos neuronales asociados a los patrones de conducta.

Por lo que la psicología tradicional viene siendo reemplazada por una psicología que toma en cuenta estos circuitos.

La psicología cognitiva deja atrás el concepto de ver al hombre como una caja negra donde se analizaban los resultados de salida y de entrada.

La psicología cognitiva va a lo profundo de la red neuronal para ver como funciona.

Está situada dentro de lo que se le llama el hexágono cognitivo, formado por seis ciencias entrelazadas:

La Neurociencia, La Inteligencia Artificial, La Psicología, La Lingüística, La Antropología y La Filosofía.

El principal objetivo es conocer cómo los seres humanos toman la información sensorial y la transforman, sintetizan, elaboran, almacenan, recuperan y finalmente hacen uso de ella en la vida diaria.

La psicología tradicional se enfocó más en la atención de las enfermedades de la mente que entender cómo es que se genera el pensamiento.

La psicología Cognitiva se centra en el conocimiento funcional del individuo en lugar de elaborar teorías acerca de las enfermedades o de la conducta aunque el segundo interés de esta psicología cognitiva es ver como el conocimiento lleva a la conducta, es el reconocimiento de que detrás de cada conducta hay un pensamiento explícito o implícito consciente o inconsciente pero que finalmente respondemos a nuestros pensamientos.

La frase de Sócrates adquiere más relevancia que nunca "Conócete a ti mismo" y la psicología cognitiva nos permite esa maravilla de conocernos cada vez más en base a datos científicos reales comprobados y no en teorías que se aplican a un grupo de gente con observaciones locales.

Vivimos la era del conocimiento y más que un lema o una frase hecha, es un facto real, todo el mundo del conocimiento está en una pantalla conectada a Internet.

Se podría pensar que toda esta comunicación nos llevará a ser un ciudadano estándar, esto es, que ya no habrá diferencias entre la forma de pensar de los seres humanos pero paradójicamente, considero que es al contrario en el momento de tener una mayor información compleja cada quien aplicará su curiosidad y sus motivos personales para cultivarse en el área de conocimiento que más le guste o mejor crea y hablaremos de una humanidad sumamente compleja.

Las ciencias exactas están invadiendo a las ciencias deductivas o intuitivas dándoles certeza.

Circuitos neuronales y la Herencia

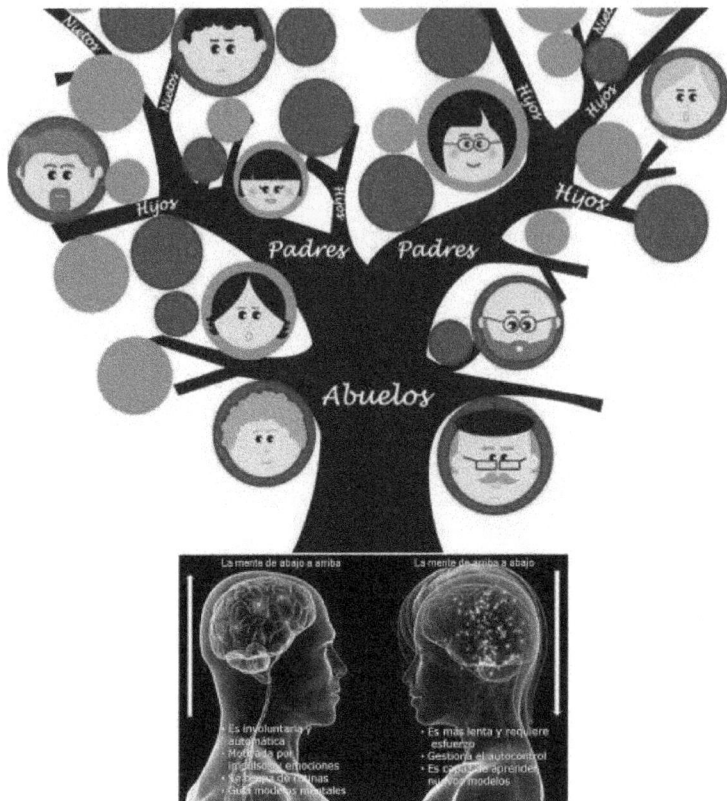

Hablábamos de los circuitos neuronales y poníamos como ejemplo algo muy sencillo como el reflejo de la rodilla pero en un cerebro de más de mil millones de neuronas.

¿Cuantos circuitos tendremos? Si en la corteza cerebral una neurona se puede conectar con 40 mil más y en el cerebelo con un millón el resultado son cifres inimaginables, pero finalmente así es y esos somos nosotros, maquinarias extremadamente complejas.

La pregunta es ¿Como se forman estos circuitos? ¿Son fijos o pueden modificarse?

La gran posibilidad que la tecnología nos ha dado los últimos 30 años de "ver" el cerebro funcionando aunado con los avances en el estudio del ADN ha permitido observaciones interesantes sobre el tema.

Como los núcleos de cualquier célula las neuronas tienen un paquete de información genética conocida en el bajo mundo como ADN, la única diferencia entre un tipo de célula a otra, es un grupo de genes activos que determinan el tipo de proteínas que van a producir.

Dicho en español, aunque todos los ADN son iguales esos genes expresados son los que hacen que una célula sea neurona o músculo o piel o etc.

De la gran información que trae el ADN en este momento nos interesa la relativa a las redes neuronales que necesitamos para iniciar la vida y que vienen codificadas de acuerdo a una base y a una historia familiar, no solo traen el color de ojos o la complexión física, sino el carácter y mucho más.

¿Heredamos la inteligencia?

Cuenta la leyenda, ya ve como le achacan chismes a Einstein, que un día se acercó una bella mujer a Einstein y le dijo:

-Me gustaría tener un hijo con su inteligencia y mi belleza-

Einstein le contestó con una sonrisa burlona ¿Y que tal si saca mi belleza y su inteligencia?

Hoy en día es de dominio público el hecho de que la herencia se trasmite por el ADN de padres a hijos, sin embargo no se sabe exactamente cuales son los genes que nos determinan quienes somos.

Un equipo de científicos de todo el mundo realizó pruebas de coeficiente intelectual a 78,308 personas para correlacionarlas con su ADN.

El objetivo principal era analizar un nucleótido que se encuentra en la mayoría de las células, en una región cromosómica particular, la cual difiere en cada persona y esto hace que diferencie la inteligencia de una persona a otra.

Para este análisis investigaron 12 millones de nucleótidos y encontraron que 336 de esos se relacionaban en forma significativa con la inteligencia.

Estos 336 nucleótidos implicaban a 22 genes.

También encontraron que estos genes estaban correlacionados con el nivel de educación.

Los investigadores concluyeron que este descubrimiento ayudará a entender los mecanismos neurobiológicos moleculares que subyacen a la inteligencia.

En otro estudio con 1,583 adolescentes encontraron otro nucleótido implicado en la plasticidad sináptica el cual está relacionado con las pruebas de inteligencia.

Por supuesto que la inteligencia no se debe únicamente al ADN, el medio ambiente y algunos rasgos psicológicos tienen gran influencia en el desarrollo de la inteligencia.

Sin embargo, estos estudios, podrían servir para identificar niños con posibles problemas de desarrollo intelectual para ayudarlos en forma temprana y ¿porque no? manejar el ADN para mejorar la inteligencia (Mandábamos de inmediato a nuestros políticos).

Aunque podría surgir la pregunta ¿Es la inteligencia lo que nos hace ser mejores?

Concluye la investigación afirmando que somos el resultado de nuestra genética, nuestro entorno y la interacción entre ambos.

Si quiere saber mas del tema, está el libro The Neuroscience of Intelligence de Richard Haier.

Las dos consciencias

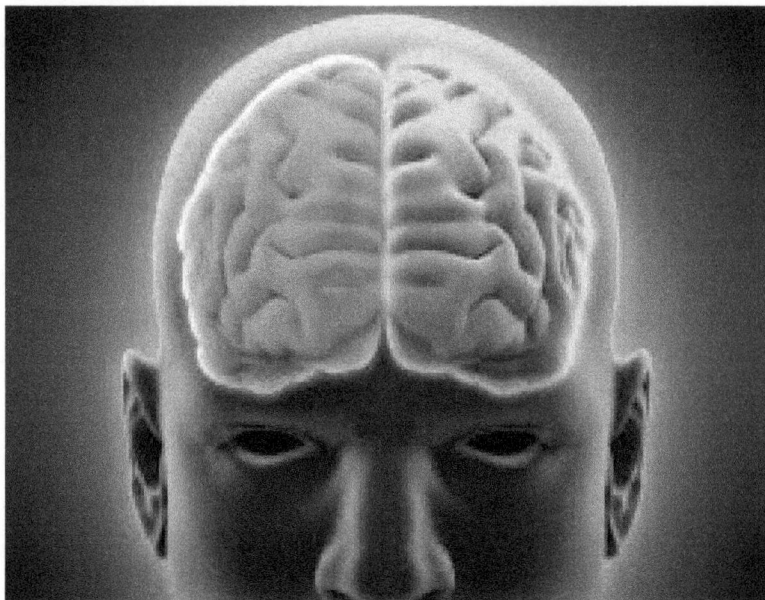

El "Nosce te ipsum" inscrito en el templo de Apolo en Delfos, que en español es "Conócete a ti mismo" se le ha atribuido a muchos pensadores griegos entre ellos a Sócrates marcando un rumbo por el que aún seguimos caminando.

Hemos hablado de las neuronas, de los circuitos neuronales y de las redes, aunque el "SER" el "Yo" no tiene un lugar específico en el cerebro y su descripción ocupa volúmenes enteros, podemos ver funciones específicas en regiones localizadas del cerebro.

Para su estudio podemos hacer dos grandes grupos de funciones las conscientes e inconscientes y podemos decirles de muchas formas dependiendo de las corrientes de pensamiento.

La primera es la conciencia y es la que más conocemos, la que nos permite darnos cuenta de que existimos, de que pensamos, actuamos, como decía Platón "Es la ventana por donde percibimos el universo y razonamos sobre él", es la que nos permite crear, imaginar, reflexionar, es la experiencia subjetiva del "YO" como dijera algún filósofo, en fin todo lo que hacemos cuando estamos despiertos.

Todas estas funciones se procesan en las neuronas que están en la capa externa del cerebro y se le llama neocortex o "Cerebro nuevo" eso de cerebro nuevo es todo un rollo que veremos en otro momento.

Debajo del neocortex está el subconsciente procesado por el mesencéfalo, el cerebelo y el tronco cerebral que funcionan sin necesidad de que les pongamos atención, con una lista de tareas gigantesca y con una inteligencia increíble, es el que mantiene en orden al cuerpo, el que se encarga de que lata el corazón, de que el hígado genere las sustancias que requiere el organismo, de que las célula se reproduzcan de que los niveles de sustancias se mantengan, etc...

Conciencia objetiva, inteligencia superior, fuerza de la vida, La fuente, mente subconsciente tiene muchos nombres dependiendo del enfoque filosófico o modelos de estudio que se le den pero si quiere resumir le puede poner mente maravillosa por la infinidad de cosas que realiza para que usted disfrute de la vida.

Antes se consideraba que la mente del recién nacido era como un libro en blanco que empezaba a escribirse, hoy se sabe que todos esos cientos millones de neuronas en esas regiones vienen "preconectadas", traen experiencia no solo de nuestros padres sino de millones de años de evolución escritos en el ADN.

Desde las primeras neuronas que se van generando hasta los dos años de edad no dejan de conectarse, aquí llegan a su máximo las conexiones y se inicia una "poda" o desconexión de aquellos circuitos que no tienen muchas probabilidades de uso, cuestiones de ahorro de energía.

Aquí levantan la mano los que creen que antes teníamos más sentidos, percepciones, habilidades que hoy y al no usarse, se perdieron y parece que tienen razón ya que explicaría el porque algunos tienen habilidades extrañas o "poderes inusuales".

Pero no todo es "precarga", desde el vientre de la madre el cerebro empieza a hacer nuevas conexiones que le permitirán subsistir y la madre juega un papel preponderante así como el entorno en el embarazo, la madre con sus sentimientos, emociones y salud contribuirá a la formación del cerebro del niño en forma importante y a veces en forma radical.

Hasta aquí podríamos pensar que son dos cerebros aislados pero no es así, están en permanente comunicación en ambos sentidos complementándose en forma magnífica, cuando usted quiere hacer un movimiento consciente le manda la información del neocortex al cerebelo y él se encarga de accionar los nervios correspondientes.

Usted respira, se acuerde de hacerlo o no, el subconsciente se encarga, pero puede modificar su respiración, camina de una forma predeterminada pero puede cambiar su forma de caminar, la mayor parte de las cosas las hace por hábito el subconsciente pero el consciente puede cambiarlas.

Al analizar las funciones del subconsciente se dan cuenta de que hay todo un sistema para mantenernos sanos a pesar de nosotros mismos, claro hasta un límite donde los abusos terminan enfermándonos o agentes externos suficientemente fuertes para vencer nuestras defensas lo hace.

Hoy han observado y teorizado acerca de que el consciente puede atrofiar o activar las funciones del subconsciente enfermando o sanando el cuerpo, algo que ya sabían las culturas orientales y que se está introduciendo en occidente.

De la misma manera occidente está influenciando y a veces reforzando las culturas orientales mediante la Física Cuántica y la Teoría del Caos y están encontrando coincidencias con el Tao y el Zen.

El consciente, a través de la ciencia, está volteando a ver algo sumamente interesante, el inconsciente, algo que anteriormente solo se ocupaba la filosofía. Literalmente podríamos decir que las neuronas nos están llevando a descubrir quienes y que somos.

Simbiosis Hombre-Maquina

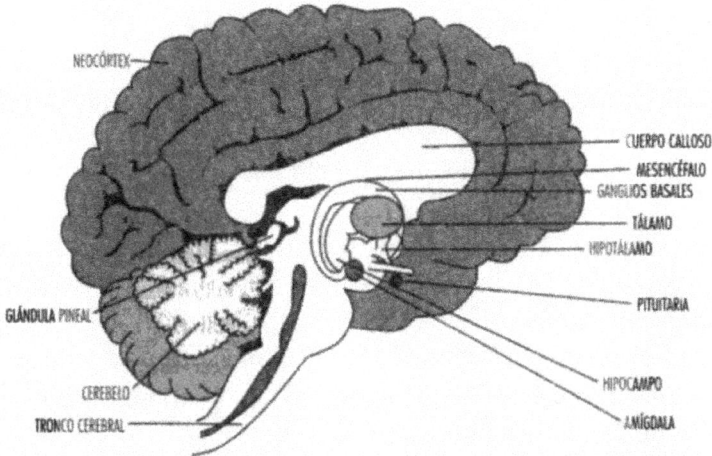

Para los puristas del siglo pasado era un absurdo decir que el cuerpo humano era una máquina y esgrimían una larga lista de argumentos.

El cuerpo es mucho más complejo que cualquier máquina etc.. pero lo interesante del caso es que el estudio del funcionamiento del cuerpo humano ha contribuido a fabricar mejores máquinas lo cual resulta lógico pero no es en una sola dirección el movimiento, el estudio de las máquinas ha contribuido a conocer mejor el funcionamiento del cuerpo humano.

En 1944 el genio de la física cuántica Erwin Schrödinger cambiaría la forma de estudio de la biología al definir la vida como una danza de energía, entropía e información.

El siguiente gran salto en la simbiosis hombre maquina vendría con la inteligencia artificial donde se "copia" la forma de trabajo del cerebro para programar a las máquinas en las tareas que anteriormente desarrollaban los humanos.

Gracias a las máquinas hoy podemos observar el cerebro en funcionamiento y entender, hasta cierto punto, como trabajan y si me permiten vamos a darle un repaso:

Empecemos con la médula espinal e imaginémosla como un tubo por el que van miles de cables que trasmiten impulsos desde el cerebro a todo el cuerpo y desde el cuerpo al cerebro.

Luego en la parte baja del cerebro esta el tronco cerebral que regula funciones elementales como la respiración, presión arterial, deglución, niveles de vigilia y el ritmo respiratorio.

Aparece el cerebelo, una obra maestra de la complejidad, está a cargo del equilibrio, la postura y en general la posición del cuerpo en el espacio, coordina los movimientos, posibilita las conductas (casi nada) y maneja los recuerdos automáticos instalados, no en balde tiene las neuronas más desarrolladas.

El mesencéfalo, del que casi nunca hablamos, es como el cerebro químico, se encarga de la regulación interna de las substancias necesarias para los procesos químico biológicos, regula la conciencia, el sueño y el control de la temperatura corporal, salvo el olfato, lo más importante es que ayuda a organizar la información que llega del mundo exterior con el mundo interior.

El tálamo es como una caja de conexiones que integra toda la información sensorial que llega del mundo exterior hacia diversas partes del cerebro que tienen que ver con el pensamiento consciente.

El hipocampo realiza una tarea fascinante, procesa las experiencias del momento con recuerdos emocionales asociados ¿Que te recuerda eso compadre?.

Siendo el responsable de nuestras reacciones al entorno y sobre todo del aprendizaje al comparar información del momento con información anterior. Otro de los trabajos de vital importancia es formar los recuerdos de largo plazo, esto es, almacena lo que es importante recordar, basado en las emociones.

La amígdala es compañera de escritorio de el hipocampo y le ayuda a generar emociones primarias a partir de lo que se está viviendo o mejor dicho percibiendo, al compararlo con pensamientos internos, es la que le pone crema a los tacos, esto es, emoción a las experiencias y además una tarea muy importante nos avisa cuando algo en el entorno es de vital importancia.

En la fila aparece el hipotálamo que regula químicamente al cuerpo y condiciones tales como la temperatura, niveles de azúcar en la sangre, niveles hormonales y algo muy importante, regula las reacciones emocionales, así que si su mujer le grita mucho es culpa del hipotálamo.

Aparece otro empleado del hipotálamo, la pituitaria, esta recibe órdenes de su jefe para enviar hormonas a la corriente sanguínea y activar las diferentes glándulas, tejidos y órganos del cuerpo.

Luego viene la legendaria, mítica y religiosa glándula pineal a la que los biólogos solamente la asocian con la regulación del sueño, la procreación y el apareamiento, que no es cosa menor.

El cuerpo calloso es una lámina de fibras con millones de conexiones entre el cerebro intuitivo y el racional, esto es, conecta los dos hemisferios cerebrales para que puedan platicar.

Y finalmente la estrella del cerebro y última en aparecer en la evolución, la corteza cerebral, ahí está la percepción consciente, ahí se desarrollan nuestras funciones más sofisticadas como la memoria, el aprendizaje, la invención, la creatividad y la más importante la conducta voluntaria.

La naturaleza, a través de millones de años, ha mejorado y adaptado al cambio, todas estas partes para que hoy podamos ser lo que somos y el estudio de esta maravilla nos permite generar mejores máquinas pero también nos está permitiendo diseñar mejores conductas personales y sociales.

De entrada está formando un hexágono cognitivo al unir la filosofía con la sicología, la lingüística, la arqueología, la inteligencia artificial y la neurociencia, algunos piensan que es el inicio de la gran unificación de las ciencias exactas con las no exactas que se tendrá que dar algún día.

Conectoma-El Ser

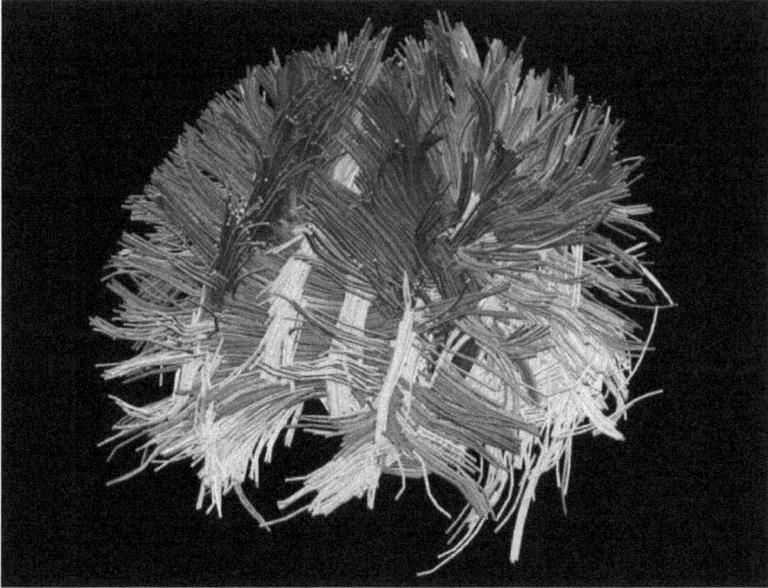

Si nos preguntamos que es el ser, quizás necesitaríamos mil libros para definirlo correctamente, porque a cada respuesta surgirían nuevas preguntas y al contestarlas generarían de nuevo más preguntas en una cadena sin fin.

Sin embargo podemos acotar esta definición al decir que somos nuestros pensamientos, nuestras acciones, nuestras conductas, hábitos, nuestro pasado, nuestros anhelos, metas, inquietudes, instintos etc.

Todo esto se encuentra expresado en las conexiones neuronales, de tal forma que no es aventurado decir que somos nuestras redes neuronales.

A este grupo de conexiones le llaman Conectoma y el analizar como se forman estas conexiones nos daría una pista a la respuesta de ¿Que es el SER?

Cuando decimos que somos nuestra historia no nos estamos refiriendo exclusivamente a nuestra memoria, sino a conexiones que formaron nuestros padres, abuelos, tatarabuelos en una cadena que llega hasta el primer hombre de nuestra especie a través de nuestro ADN.

Evidentemente no es como una grabadora que registra todos los movimientos, sino solamente los puntos más importantes, los puntos de inflexión, las transformaciones que ha tenido el hombre a través de su historia que le permitieron adaptarse a los cambios del medio ambiente.

La expresión de nuestra especie se encuentra en estas conexiones.

Hay quienes piensan que somos nuestro ADN y de alguna forma lo somos pero no es tan precisa esta afirmación, porque en el momento actual somos nuestro conectoma.

Pero en la formación de este conectoma es relevante la función del ADN ya que en ella se encuentra toda la historia relevante de nuestra especie, cada generación le hereda a la próxima una gran cantidad de información genética que le permite adaptarse a los nuevos tiempos.

Con la aparición de las primeras neuronas en el vientre materno, el ADN suministra las primeras conexiones, el ADN nos da la información para que se generen los circuitos neuronales que le dirán a los órganos como funcionar, todos nuestros ancestros estarán proporcionando información para la generación del nuevo ser, incluso la madre con información del momento.

Estudios recientes muestran como una madre en gestación sometida a continuo estrés hará que el neocortex de su bebé crezca menos y el mesencéfalo lo haga en mayor proporción lo cual significa un sacrificio en creatividad por seguridad, el niño estará más capacitado para la defensa que para el raciocinio.

ADN, madre y medio ambiente generan una enorme cantidad de conexiones que alcanza su culmen a los dos años cuando se inicia una poda.

¿Que es esto de la poda? Por cuestiones de ahorro de energía y eficiencia, aquellas conexiones que no se han usado por generaciones se desconectan, por ejemplo, antes del lenguaje hablado se supone que había otros medios de comunicación como la telepatía, al no ser usado por generaciones, estos se desconectan.

Dicho esto, queda claro que la definición de lo que somos en el momento actual es resultado de nuestras conexiones cerebrales y somos no solamente nuestros pensamientos, vivencias, habilidades, conductas, hábitos, ideas, sino un resumen de todas las generaciones que nos antecedieron y que en el momento de reproducirnos prolongamos nuestra vida a través de nuestros hijos.

La especie humana ha sido la vida del primer ser humano, desarrollada a través de millones de años de la que hoy se tienen miles millones de instancias con características que las hacen únicas.

A este primer y único hombre bien le podríamos llamar humanidad.

La evolución del cerebro

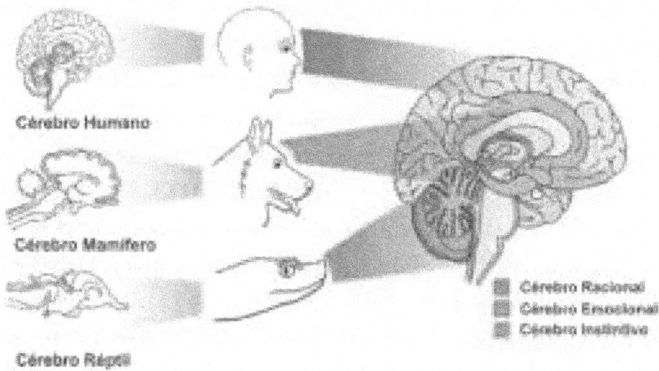

Cérebro Humano
Cérebro Mamífero
Cérebro Réptil

Cérebro Racional
Cérebro Emocional
Cérebro Instintivo

-Oiga compadre ¿es cierto que los seres humanos tenemos 3 cerebros?-

-¿Y porqué no ha reclamados los suyos?

Si queremos conocer la historia del ser humano, homo sapiens, tenemos el mejor libro de historia justo arriba de nuestros hombros en esa bola llamada cerebro.

El Dr. Paul divide el cerebro humano en 3 partes que supuestamente reflejan nuestro desarrollo en diferentes eras.

Sugiere que tenemos tres computadoras biológicas interconectadas donde cada una de ellas posee su propia inteligencia; su subjetividad individual; su personal sentido del tiempo y el espacio; su memoria personal y sus funciones diferentes, en pocas palabras que somos tres personas en un mismo organismo.

Me imagino que el Dr McLean no conocía bien a las mujeres porque entonces habría elaborado la tesis de que somos 100 personas en una.

Por sentido común pienso que siempre hemos tenido estos tres cerebros, aunque cabe la posibilidad de que los desarrollos hayan sido en la forma como lo plantea el Doctor McLean.

La parte más antigua o básica el "Arquipalio" conocido en el bajo mundo como Cerebro reptil, complejo R o complejo de los reptiles, la integran el tallo o tronco del encéfalo asociado con el cerebelo.

El siguiente cerebro es el paleopalio, llamado también cerebro medio, cerebro mamífero, mesencéfalo o cerebro límbico y luego se quejan los biólogos que no sean simpáticos a la mayor parte de la población si se la pasan cambiándoles el nombre a las cosas.

EL tercero es el Neopalio o cerebro nuevo, neocórtex, corteza cerebral o prosencéfalo, hágame usted el favor con estos nombrecitos.

Simplificando si los quiere llamar por su nombre científico recuerde estas cuatro palabras, Arqui, paleo y Neo a los que les agrega la palabra palio y ya tiene los nombre científicos que por cierto pocos usan.

Si los quiere enlistar por los nombres más usados recuerde estos nombres, al primer cerebro cerebelo, aunque incluye el tallo, el segundo cerebro, mesencéfalo y al tercero neocórtex.

Aunque lo verdaderamente interesante es lo que hacen estos cerebros y que nos pueden ayudar a entendernos un poco a nosotros mismos, ¿Que diera Sócrates por saber esto?

Si observa la imagen tomada del libro "la evolución de los tres cerebros" del Doctor aparte de observar que de nuevo le cambia los nombres a las regiones, este dibujo nos da una idea del lugar físico que ocupan estos cerebros.

Según esta teoría lo primero que evolucionó hace quinientos millones de años fue el tronco cerebral que es la parte donde el cerebro se conecta con la médula espinal, la base del cerebro, esta parte constituye la mayor parte del cerebro de los reptiles, de ahí el nombrecito no se refiere a que alguna vez nos moviéramos como reptiles.

Pegado al tallo y rumbo al cerebro tenemos al cerebelo y si se compara a los cerebros como computadoras biológicas al cerebelo bien le podíamos llamara la super computadora del organismo por la enorme capacidad de sus neuronas para generar conexiones múltiples.

El cerebelo es el responsable de la coordinación, de la propicepción o sea la forma como le llaman los científicos a la percepción inconsciente del movimiento y la orientación espacial, en la robótica emular esto ha sido un reto fenomenal.

El cerebelo también se encarga del movimiento corporal, si ha estado viendo el patinaje artístico, la medalla de oro se la lleva el cerebelo ya que hace esta chamba a una velocidad increíble y con una complejidad asombrosa.

Pero aún hay más, el cerebelo está conectado con el lóbulo frontal la zona del neocórtex encargada de la planificación intencional, es como el equipo de producción en una obra de teatro, está atento a ver que necesita el lóbulo para hacer sus conjeturas y le suministra la información de inmediato, bueno a veces se puede tardar un poco.

Por si fuera poco el cerebelo tiene funciones importantes en las conductas emocionales complejas, en esas que no sabemos porqué las hacemos pero luego nos damos cuenta de que eran necesarias, bueno algunas veces porque la reflexión no es una de nuestras preocupaciones cotidianas.

El cerebelo tiene las neuronas más densamente conectadas de todo el cerebro por lo que hace una gran cantidad de funciones en forma silenciosa, sin pedir permiso a los otros cerebros, esto es, sin que le tengamos que poner atención consciente.

De acuerdo a los escanogramas es la función más activa del cerebro, las acciones y respuestas sencillas, lo que hacemos en forma automática, actitudes predeterminadas, reacciones emocionales, actitudes repetidas, conductas condicionadas, nuestros hábitos, aptitudes que hemos dominado se aprenden, coordinan, memorizan y almacenan en el cerebelo dejando libre al neocórtex para que atienda cosas más importantes y lo más importante es probable que sea donde radique el SER desde el punto de vista platónico.

Hace ciento cincuenta millones de años, la cortinas se descorrieron para que hiciera su aparición el Mesencéfalo o cerebro mamífero, llamado así porque se encuentra muy desarrollado en los mamíferos, bueno aquí nos fue mejor con el nombrecito.

El mesencéfalo alcanzó su mayor aumento de complejidad y desarrollo hace tres millones de años llegando a la cima hace apenas doscientos mil años ¿Apenas? Bueno en la escala de tiempo que estamos manejando doscientos mil años podría ser ayer.

El mesencéfalo tiene una gran importancia en nuestra conducta por lo cual también le llaman cerebro emocional y como se encarga de regular muchos proceso internos como regular la temperatura, niveles de azúcar en la sangre, ¿Conducta y niveles de azúcar? ¿Será que cuando lo tenemos ciclado en problemas de conducta se le olvide controlar al azúcar? Controla también la presión arterial, la digestión, niveles hormonales y mil cosas más por lo que también le llaman el cerebro químico.

Se sabe que cuando algunas personas tiene problemas serios se le sube la azúcar, le aumenta la presión, se le hecha a perder la digestión ¿Será sobrecarga en el mesencéfalo? Bueno es pura elucubración.

El mesencéfalo tiene funciones interesantes como tomar la decisión de luchar o huir ante una amenaza, es el que nos obliga a comer y tener sexo.

Por cierto en esta última función se auxilia del sistema simpático y parasimpático del sistema nervioso autónomo, bueno ahora ya se entiende el origen del nombrecito que le dieron a ese sistema.

A parte también controla el crecimiento y reconstitución del cuerpo.

Para estas funciones se auxilia del Tálamo, hipotálamo, por cierto el hipotálamo es la parte mas importante del mesencéfalo ya que genera mensajeros químicos para todo el cuerpo, cuando le avisan de una emergencia le manda energía a las piernas para correr o a los brazo para defenderse, acelera las funciones de captación del entorno y arruina el estomago si usted abusa de él, como en el caso del estrés continuo y prolongado.

La glándula pituitaria o glándula maestra es la que recibe las órdenes del hipotálamo para generar las hormonas necesarias para sus funciones.

Hay que recordar que las hormonas inician y regulan las actividades de los órganos.

Viene la joya de la corona del mesencéfalo ubicada justo arriba del cerebelo y es nada menos que la legendaria y mítica glándula pineal, conocida en algunas religiones como tercer ojo.

"Oficialmente" solo se encarga de controlar los ciclos de sueño y vigilia, generando melatonina y serotonina respectivamente, en los mamíferos que hibernan transforma la melanina S-metoxitriplamina, disminuyendo el apetito y eliminando el impulso sexual además de reducir el metabolismo lo cual los hace dormir durante el invierno. La glándula pineal en general nos avisa y controla de acuerdo a las estaciones del año.

Para las funciones de memoria el mesencéfalo se auxilia del Hipocampo, hoy los celulares inteligentes le han quitado mucho trabajo al Hipocampo ya que este no se preocupa por guardar direcciones, teléfonos, fechas de cumpleaños etc., que antes hacía, sin embargo, sigue guardando memoria sensorial de las experiencias que vivimos.

Si de niño le jalaste la cola a un perro y te mordió, el Hipocampo hará que no te le vuelvas acercar a uno.

Una de las maravillas que hace el Hipocampo es memorizar mezclas de sensaciones de nuestros sentidos, por eso es que un olor nos puede recordar una persona, un lugar, un hecho etc.

La memoria asociativa nos permite de elementos conocidos generar nuevo conocimiento por similitud a hechos que tenemos en esta memoria. Aquí está también la curiosidad, eso que nos lleva a buscar nuevo conocimiento de lugares, personas o cosas.

La amígdala y en su escritorio se encarga de procesar cuatro emociones primarias, agresión, dicha, tristeza y miedo. Algo importante la amígdala avisa al cuerpo lo que considera situaciones de vida o muerte.

También se encarga de asociar emociones a nuestros recuerdos o como diría Freud ponerle pulsiones afectivas a nuestros recuerdos y símbolos.

Algo que a intrigado a los científicos es que la amígdala reconoce rostros tristes, enojados etc. Aún sin ayuda de los ojos, ya que pacientes ciegos o personas con los ojos vendados han podido adivinar la emoción en la cara de las personas.

Pegado al neocórtex pero integrante todavía del mesencéfalo están los ganglios basales, vaya con los nombrecitos, estos se encargan de integrar los pensamientos y sentimientos con las acciones físicas.

Cuando el neocórtex manda demasiada carga electroquímica al resto del cerebro, este lo frena para evitar sobre reacciones o daños, recuerda cuando de adolescente veía pasar todos los días a esa muchacha espectacular, la seguía con la vista hasta que se perdía en el horizonte, ¿recuerda el día que le preguntó la hora y usted se quedó congelado sin poder mover el brazo para ver la hora? Bueno los responsables de que quedara usted como tonto fueron los ganglios basales, de igual manera cuando se queda inmóvil por un susto o una fuerte impresión.

Las personas nerviosas o ansiosas que continuamente están viendo "Moros con tranchetes", esto es, previendo posibles o hipotéticos peligros, tienen una actividad intensa en los ganglios basales.

Las personas que no paran de moverse, tienen los ganglios ligeramente hiperactivos y liberan ese exceso de energía con los movimientos.

Ahora extendamos la alfombra roja para recibir al Neocórtex o cerebro nuevo, el logro más sofisticado de la evolución hasta ahorita, muy desarrollado en los mamíferos y más en el ser humano, de hecho, es lo que nos ha diferenciado de todos los demás mamíferos.

Ocupa más del 60% de todo el cerebro y es el asiento de nuestra conciencia y creatividad, para algunos como Platón es solo la ventana donde percibimos y razonamos sobre el mundo exterior y aunque solo fuera eso, en si mismo es suficiente para maravillarnos de sus funciones.

Hoy sabemos, bueno saben los estudiosos, que aparte de razonar, radican ahí las funciones de planear, intelectualizar, aprender, recordar, crear, analizar, comunicarse verbalmente, tomar decisiones sofisticadas y complejas y muchas más.

Sin el neocórtex podemos sentir frío pero es el que decide si prendemos la calefacción, nos ponemos otro abrigo o le hacemos al faquir y nos aguantamos.

El neocórtex también tiene varias partes, está el cuerpo calloso que es un manojo de miles de millones de conexiones entre ambos hemisferios.

Los dos hemisferios cerebrales tienen cuatro partes llamadas lóbulos y se identifican por su posición los lóbulos frontales que no necesito decirle donde están porque su nombre los delata, luego los parietales que están a los lados, después los temporales, ahí si quien sabe de donde tomaron ese nombre porque son tan temporales como los otros lóbulo y atrás los lóbulos occipitales, me imagino que le pusieron el nombre por estar junto al hueso occipital o a la mejor al hueso le pusieron el nombre por estar cerca del lóbulo, finalmente son los de la nuca.

Lo importante de los lóbulos es su función, empecemos con los frontales.

Son los responsables de la acción intencional, de la atención y coordinan el resto del cerebro.

Los parietales están encargados de las sensaciones con el tacto, lo que sentimos en las manos y cuerpo, presión, temperatura, dolor, vibración, placer, el contacto con la luz, la discriminación entre dos puntos, la conciencia de lugar donde se ubican las partes del cuerpo, procesan la información recibida por los nervios periféricos, cada parte de este lóbulo esta relacionada con una parte de la superficie corporal, algo simpático fue el método para hacer estos planos, el investigador daba unos pequeños piquetes eléctricos en el lóbulo y el paciente le decía en que parte del cuerpo lo sentía, manos piernas etc.

Este mapa no está en el mismo orden que el cuerpo, por ejemplo la parte que controla los dedos de los pies están junto a los genitales, tampoco la cantidad de neuronas que controlan están en proporción a la parte del cuerpo, por ejemplo la mano tiene más masa sensorial que el pecho, la espalda y los brazos juntos.

Los parietales también atienden las impresiones, con las tareas visuales espaciales y la orientación del cuerpo y algunas funciones del lenguaje.

Los temporales procesan sonidos, algunas percepciones, de el lenguaje y la memoria, son los centros donde se procesa el olfato, hay ahí una región que nos capacita para elegir que pensamiento expresar.

Algunos científicos han estimulado eléctricamente los lóbulos temporales y las personas manifiestan fenómenos como el dejaVu sensación de haber estado ya en un lugar nuevo, emociones espontáneas elevadas y ensueños o revelaciones espirituales extrañas.

Aquí esta también el pensamiento conceptual y la memoria asociativa, con los años el cerebro maneja mejor el reconocimiento de patrones, análisis muy complejos de ahí la sabiduría de los ancianos.

Los lóbulos occipitales son los centros de visión por eso a veces se le llama corteza visual y tiene 6 regiones diferentes donde procesa las imágenes, esta abundancia de recursos tiene sentido ya que es la vista el elemento que más usamos para movernos por el mundo externo.

La vista no es de ninguna manera algo trivial, el cerebro tiene que procesar muchas variables como luz, velocidad, forma, figura, profundidad y color y lo más importante, generar la tercera dimensión ya que los ojos funcionan en dos dimensiones.

La primera capa es la corteza visual primaria y es la que se conecta directamente con los ojos al ir pasando por las siguientes capas se va agregando información de velocidad, forma, figura, profundidad y color hasta formar un holograma que identifica el cerebro.

Hay gente que al perder la vista por daño en la primera capa puede "sentir" las otras características de la visión como la velocidad forma etc. Esta característica se observó por primera vez en la segunda guerra mundial. Algunos soldados que habían quedado ciegos podía percibir la velocidad y la forma de un objeto a lo que llamaron "visión ciega"

La zona 5 encargada del movimiento no puede ver objetos inmóviles y se activa solo en el movimiento.

Del lóbulo frontal podríamos decir que es el asiento de la conciencia, es donde se piensa, sueña, se enfoca la atención, el timón de mando, ahí nace también la conciencia de uno mismo, donde el yo puede expresarse, la parte más evolucionada de la naturaleza, aquí podemos tomar nuestras emociones y darles significado.

El lóbulo frontal es nuestra oficina donde pegamos en la pared pensamientos con sus asociaciones y generamos nuevo conocimiento y lo más importante le damos significado a las cosas.

Aquí está el timón de nuestro destino y el don divino del libre albedrío.

Desde aquí se pueden activar todos los músculos voluntarios del cuerpo.

La corteza prefrontal es donde está la verdadera exclusividad del ser humano, ahí podemos cambiar la respuesta normal a un estímulo, la reacción normal a una acción, el efecto a una causa, lo más importante es el lugar donde podemos reconstruirnos a nosotros mismos.

Función Sigmoid

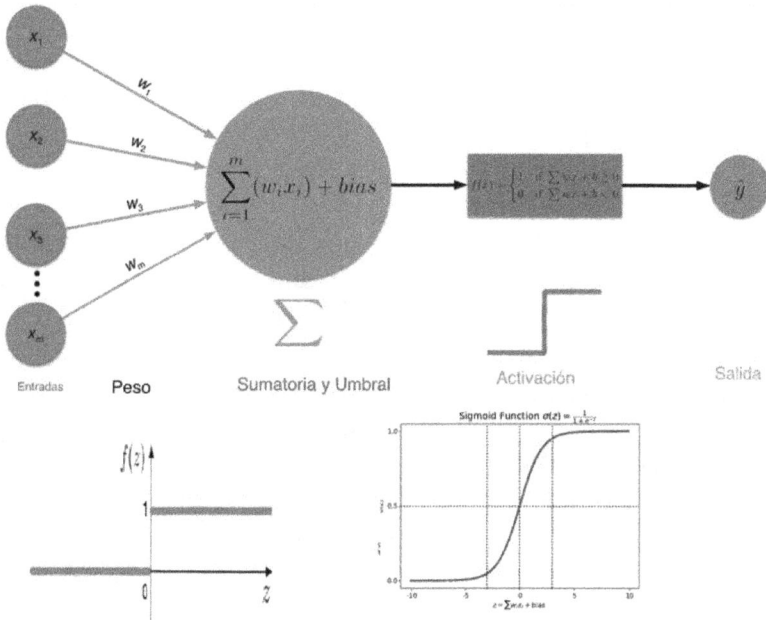

Entradas   Peso   Sumatoria y Umbral   Activación   Salida

Como habíamos visto en el capítulo de Perceptors el funcionamiento de una neurona se puede representar con el modelo de la figura.

Las dendritas o entradas son representadas con x que es valor de la excitación que llega a la neurona a través de las dendritas.

Este valor es magnificado o atenuado por un peso W por lo que el valor de excitación sería el producto wx.

El símbolo de sigma que aparece en la ecuación representa el proceso de suma de todas las entradas multiplicadas por su peso.

Esta suma se compara con el umbral de disparo de la neurona, si la suma es mayor que el umbral, esta se dispara y el axón se activa, de otra forma permanece en reposo.

Como todos los modelos que se usan en la ciencia, siempre son aproximaciones a la realidad, entre más sencillo sea el modelo menos se aproxima a la realidad, aunque siempre es mejor tener un modelo a no tenerlo.

Conforme agregamos más variables o modelamos con funciones más avanzadas nos acercamos más al funcionamiento real del fenómeno.

Aunque el modelo inicial ayudó mucho a simular el funcionamiento de la neurona hay una parte donde salta a la vista que es impreciso.

Si observamos el momento del salto de 0 a 1 nos damos cuenta que ese salto no existe en el mundo físico, se requeriría una energía infinita para dar ese salto, para no entrar a una larga explicación de esta singularidad apelamos al sentido común, en el momento del salto la señal sería a la vez 0 y 1 o cualquier valor entre 0 y 1 lo cual sería una indefinición.

Lo que ocurre en la realidad es que hay un tiempo de transición entre el 0 y el 1, donde la señal va gradualmente incrementándose.

La función Sigmoide no cambia la teoría del perceptor solamente nos da más precisión en el calculo, hoy en día con las calculadoras y los módulos de matemáticas que se incorporan en los lenguajes de programación, como el python resulta sencillo hacer los cálculos, incluso graficarlos con un mínimo de esfuerzo.

La función Sigmoid aprovecha la forma del logaritmo natural, aquel logaritmo que vimos en la secundaria que en lugar de tener la base 10 usa la base e=2.7 .

Para calcular la función Sigmoid divide 1 entre la suma de 1 más e elevado a la menos z, donde z es la sumatoria de wx (entradas ponderadas) mas el umbral.

$F(z)=1/(1+e-z)$

$Z=Sumatoria(wx) +U$

Es bueno aclarar que cada una de las entradas es a la vez el resultado del disparo de una axón que de igual forma recibió excitaciones en sus dendritas, por lo que el disparo de una neurona puede ser el resultado de la actividad de una red de neuronas atrás de este disparo.

Algo que también hay que aclarar es que en la figura aparecen 4 entradas, aunque claro la cuarta es la entrada n y n puede tomar valores de cientos de miles entradas, ya que el número de dendritas de una neurona puede llegar decenas o cientos de miles.

La buena noticia es que contamos con computadoras y funciones matemáticas que pueden hacer estos cálculos por nosotros.

Más que juegos intrincados o rompecabezas creo que debemos de ver esto como el esfuerzo humano por conocernos cada vez más.

Luchar o huir

-¿Que pasó compadre? ¿"Pos" no que muy macho? Nomás vio el oso y ni el polvo le vimos-

-¡Compadrito¡ es mejor que digan ¡Aquí corrió¡ que ¡Aquí murió¡

La situaciones de vida o muerte nos permiten ver como se comportan las diferentes partes del cerebro, en este caso el actor principal es el mesencéfalo o cerebro mamífero, conocido así porque es muy semejante al de los demás mamíferos.

Las señales sensoriales que identifican al oso, ya sea la imagen, o los ruidos que hace llegan al tálamo quien de inmediato alerta a todo el cerebro para que estas señales les lleguen casi de inmediato.

Le avisa a los centros del cerebro consciente (neocórtex) encargados de tomar decisiones para que de inmediato busquen vías de escape o armas, hagan planes de defensa o huida, casi al mismo tiempo toma el teléfono y le llama al hipotálamo para que prepare químicamente al cuerpo para que tenga energía para correr o pelear, las piernas se energizan para correr, saltar, girar con mayor fuerza y velocidad que si lo hicieran en condiciones normales de acuerdo a lo que decida el cerebro consciente.

Retira el flujo sanguíneo de los órganos digestivos para enfocarlo a los brazos y piernas se da la orden de que se segregue adrenalina.

El mesencéfalo está encargado en todas las reacciones que permiten la supervivencia del cuerpo físico.

Todas estas funciones de luchar o huir son encargadas al sistema simpático, (ha de ser muy simpático ver a una persona huir de un oso).

Al terminar la situación de emergencia se regresa el control al sistema parasimpático.

Desde el punto de vista de energía, el sistema simpático utiliza, libera y moviliza energía, mientras que el parasimpático la conserva, la genera y la almacena.

Cuando nos sentamos a disfrutar unos tacos, el sistema parasimpático nos relaja, retiene energía y nos prepara para la digestión y el metabolismo, si olvidó la cartera el sistema simpático le dará la energía para correr cuando le traigan la cuenta.

Dentro del mesencéfalo el gran orquestador es el tálamo que recibe todas las señales sensoriales y las trasmite a las diferentes partes del cerebro luego de haberlos identificado y clasificado.

Ahí junto tiene a su químico de cabecera, el Hipotálamo para que le prepare los químicos que necesita para regular el entorno interno del cuerpo y equilibrar nuestros sistemas con el exterior y algo muy importante, genera los mensajeros químicos con los que el cerebro se comunica con cada parte del cuerpo.

Por orden del tálamo el hipocampo es el que produce las sustancias que necesitamos para luchar o huir.

El hipotálamo tiene colgado en forma de pera a un ayudante que prepara hormonas y componentes complejos, la glándula pituitaria.

Otra estrella del mesencéfalo es el hipocampo que se encarga de almacenar recuerdos de corto y largo plazo, responsable del olvido, codifica la información de manera asociativa.

Recuerdan el chiste del cartero que estaba en misa, cuando el cura tocó el mandamiento de "No desearás la mujer de tu prójimo", en ese se acordó donde había dejado su bicicleta, así trabaja la memoria asociativa.

El hipocampo es el encargado de transformar las experiencias en sabiduría. Como si alguien pone su burrito con el aluminio adentro del microondas y empieza a echar chispazos, la próxima vez que quiera calentar su burrito se asegurara que no tenga un solo trozo de aluminio. La amígdala es la encargada de alertar y tomar decisiones de vida o muerte, ante una situación de peligro de muerte, la amígdala puede tomar decisiones sin consultar el neocórtex, si usted frena bruscamente en un crucero antes de ver que un carro viene a toda velocidad cruzando, es la amígdala la que ordenó frenar sin consultárselo, aquí se generan sentimientos como la ira, la agresión, el coraje, el miedo, la dicha y la tristeza.

Los ganglios basales integran los pensamientos y sentimientos con las acciones físicas, ¿decidiste huir? Los ganglios coordinarán tus piernas para que no te alcance el oso.

Es tiempo de correr al siguiente capítulo.

A imagen y semejanza

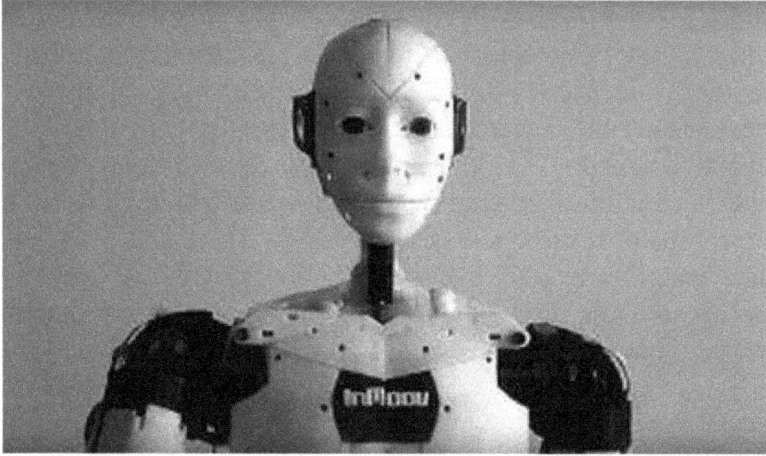

Platicaba por la radio sobre el desarrollo de un robot humanoide y llamó una persona para decirme que no deberíamos de jugar a ser Dios.

Desde el punto religioso, el estudiar la obra divina se puede considerar como un motivo para agradecer y reconocer a Dios como muchos genios lo han hecho.

Ahora el tratar de generar cosas nuevas, para el bienestar de la humanidad, es dar un paso delante de la sola contemplación,

Cada vez que sembramos una tierra, construimos una casa o una máquina, participamos en la obra de Dios, salvadas las proporciones de nuestra pequeñez.

Si como dice la Biblia somos hechos a imagen y semejanza de Dios, el estudio de nosotros mismos nos acerca al conocimiento de Dios, aunque la ciencia establece reglas para darle certidumbre al avance del conocimiento en las ciencias exactas, como bien dice Edgar Morin "vivimos en un océano de incertidumbre con pequeñas islas de certeza" y esas islas son precisamente las ciencias exactas, evidentemente no son verdades absolutas sino aproximaciones pero sumamente útiles en establecer la ruta hacia la certidumbre.

Y de nuevo, salvando proporciones y con el debido respeto a las creencias, en el momento de diseñar un humanoide no lo podemos hacer de otra forma que a imagen y semejanza nuestra.

En el capítulo anterior hablábamos del tálamo esta pequeña estructura dentro del cerebro, cuya principal función es conectar todos los sentidos, esto es, toda nuestra base sensorial es dirigida por el tálamo, excepto el olfato.

El tálamo se conecta con los sentidos y con las partes del cerebro que ayudan a darle significado a los estímulos externos que nos llegan por los sentidos.

Hoy se cuenta con una cantidad extensa de sensores, algunos de los cuales superan a los sentidos humanos, lo cual nos permite capturar estímulos externos que luego habrá que analizar y darle un significado.

El capturar imágenes es algo que hacemos desde hace décadas y hoy con los celulares tomamos miles de fotos y videos, la inteligencia artificial nos permite analizarlas y darles significado.

Hay cámaras que analizan rostros y perciben sonrisas, pero no solo eso, pueden identificar a las personas, algunos bancos han implementado el reconocimiento de rostros para el acceso a sus cuentas con la huella digital o el iris.

De igual manera el reconocimiento de voz permite nuevas formas de comunicarnos con las computadoras, hoy le podemos hablar a nuestro teléfono para que nos haga recordatorios, marque teléfonos etc. también podemos "escribir" textos hablándole a las computadoras.

Hay dispositivos que pueden "oler" sustancias peligros o gases venenosos mejor que nuestro olfato alertándonos de ellos.

Los sensores de presión y temperatura son ampliamente usados en los equipos de manufactura desde hace décadas.

Hay sensores químicos que nos pueden, no solo analizar sabores, sino que pueden dar diagnósticos de niveles de azúcar y otros elementos de la sangre, orina etc.

En síntesis, tenemos en el mercado todos los elementos para hacer "sentidos" artificiales para un humanoide, esto es un tálamo artificial.

El soporte de toda esta tecnología está en la física y ésta a su vez en las matemáticas, quienes criticaban a David Hilbert de que escribía teología en lugar de matemáticas, hoy debían de reconocerle las bases que dio para la matemática y la física moderna y su frase de "Que la física es demasiado dura para los físicos" se amplifica para los ingenieros en computación e informática que en ocasiones cierran los ojos y usan los algoritmos sin comprenderlos.

Hoy el reconocimiento de voz sería imposible sin los modelos estadísticos de Markov y lo mismo podríamos decir de los métodos de aprendizaje de las maquinas y la minería de datos, parece que los griegos tenían razón cuando decían que Dios hizo el universo con el lenguaje de las matemáticas.

Humanos e individuos

-Oiga compadre, ¿Sabía usted que cada cabeza es un mundo?-

-¿Y porque el suyo está deshabitado?-

Hoy pomposamente presumimos de ser únicos y distinguibles y es cierto, pero ¿Que tanto somos iguales?

Y está pregunta nos da respuestas abrumadoras, tenemos una cantidad impresionante de cosas iguales.

Por lo que podemos decir que lo que compartimos nos hace humanos y en lo que diferimos nos hace individuos.

Compartimos características físicas, mentales y de conducta.

-Momento, yo soy güero, ojos azules, billetera abultada, ¿De donde sacas que somos iguales?

Los seres humanos caminamos erguidos en dos patas, ¿patas?, bueno piernas, bípedos púes, tenemos pulgares oponibles, vemos a colores y esto se debe a que tenemos la misma forma de procesar los estímulos visuales y las rutinas de movimientos.

Pero no solo eso, comemos, digerimos, dormimos y usamos un lenguaje oral en forma semejante.

Pero además experimentamos emociones muy similares, nuestro rostro refleja tristeza, coraje, alegría y mil rasgos más de forma similar, independientemente de la raza o cultura, a lo mejor no nos reímos del mismo chiste de un país a otro, pero somos increíblemente parecidos en nuestras emociones.

Y lo mejor de la especie, tenemos el potencial para razonar sobre cosas sencillas y complejas, si ya sé que algunos no la usamos con la debida frecuencia, pero el potencial está ahí y es nuestra principal diferencia con las demás especies.

Estos son nuestros rasgos genéticos de largo plazo, es la estructura y funcionamiento de nuestra especie, esto es, tenemos la misma química cerebral y los mismos sistemas funcionales, como dirían los científicos "La estructura se vincula a la función" mejor explicado por mi compadre, "Si tienes una bicicleta, solo hay una forma de pedalear".

De ahí que la estructura del cuerpo humano delinee gran parte del cerebro, normalmente todos tenemos ojos, oídos, nariz, boca, piel iguales por lo que los circuitos neuronales que los manejan nos llevan a funciones como el dolor, placer, reacciones ante altas temperaturas y presiones prácticamente iguales, pero no solo las percepciones sino también las acciones motoras son muy parecidas, caminamos, comemos, agarramos los objetos de una forma muy similar.

Todo esto se ha ido perfeccionando a través de eones (muchos años) y es lo que nos hace ser humanos diferentes a los demás animales, aunque no totalmente distintos.

Con los mamíferos coincidimos en procedimientos como el comer, digerir etc. Incluso hasta circuitos neuronales como el que vimos de "Huir o pelear' y no se diga con los animales domésticos que a veces nos sorprenden con sus reacciones casi humanas.

A través de los "eones", otra vez la palabrita, nuestro cerebro ha aprendido y se ha reconfigurado para sobrevivir al medio ambiente y no solo eso, sino que lo ha cambiado bajo el principio básico de sobrevivir.

Es importante destacar que nuestros anhelos de superación y trascendencia han sido también una fuerza poderosa de transformación, anhelos registrados en la filosofía y teología.

Hasta aquí lo que nos hace ser iguales, humanos, ahora lo interesante es saber que nos hace individuos únicos.

¿Como se genera el YO? El ego o mejor dicho el "Usted" ¿Porque algunos son agresivos o extrovertidos, mientras que otros son tranquilos y tímidos?   ¿Porque algunos son buenos para las matemáticas mientras otros son brillantes en la música? ¿Porqué esa diferencia de metas, aspiraciones, sueños, deseos, emociones ¿Porque esa diversidad en las aptitudes del ser humano?.

Aquí se antojaría contestar "No sé" dar por terminado el capítulo e irme a jugar dominó, pero veamos que dicen los científicos porque si le preguntamos a los filósofos o teólogos las respuestas llenan bibliotecas.

Hay varios factores, en primer lugar, los rasgos genéticos a corto plazo, esto es, nuestra individualidad nace de los genes de nuestros padres y generaciones anteriores.

Sin embargo no somos "iguales" a nuestros padres ya que heredamos solamente una combinación exclusiva de material genético y como a ellos les pasó lo mismo, puede ser que nos hereden lo que heredaron de sus padres y a su vez ellos heredaron de los suyos etc. ¿Le suena en algo la palabra dinastía?

Como los genes son encargados de producir proteínas en todas las células del cuerpo, es probable que el gen de las orejas del padre y el gen de la estatura de la madre nos haga orejones y chaparros, pero felices.

Pero esto no es lo importante, lo crucial son los patrones de conexión de nuestras células nerviosas, alias neuronas.

Antes de seguir les voy hacer una confidencia, una vez me rasuraba distraídamente y de repente me sorprendí al ver en la otra cara del espejo el rostro de mi padre, algunas veces hago cosas que hacía mi padre y no me gustaban, hago el reclamo ¿Porqué no me heredó sus múltiples virtudes?

Y aquí viene la sentencia de los científicos, que de alguna forma hemos observado. "El cerebro de cada ser humano tiene una configuración exclusiva, acorde a las instrucciones del ADN de sus progenitores" o mejor como lo explicaba mi abuela "Ay mijito no lo hurtas lo heredas"

Siguiendo con la onda de los científicos, ellos afirman que: "cada uno de nuestros padres, habiendo tenido ciertas experiencias, adquirido aptitudes, rasgos de personalidad particulares y abrazado ciertas emociones, almacena esta información en redes neuronales y nos pasan parte de su temperamento y propensiones en la forma codificada de genética de corto plazo.

Esto es muy importante para el conocimiento de nosotros mismos, ya que el estudio de nuestros padres no puede ayudar a entendernos a nosotros mismos, pongo dos ejemplos, si la madre tiende a deprimirse, ¡Ojo¡ tenemos que ponerle mucha atención a nuestras depresiones, si por otro lado desarrolló actividades musicales, tendremos el "plano temporal" ubicado en el hemisferio izquierdo crecido, lo cual nos permitirá desarrollarnos fácilmente en ese campo, si nos interesa.

Pero ¡Cuidado¡ no somos como nuestros padres, ni estamos condenados o predestinados a ser como ellos, porque heredamos solo los rasgos gruesos de la personalidad, no la información específica y como cada ser humano recibe una herencia genética única y una "instalación" exclusiva, luego la cualidades de nuestro cerebro y nosotros mismos nos lleva a ser individuos únicos.

Esta 'instalación" se irá modificando con el entorno y sobre todo con nuestros pensamientos y acciones de ahí que nuestro estado actual, nuestro "conectoma" es responsabilidad exclusiva de nosotros mismos, el cerebro es un elemento plástico que podemos modelar con disciplina y mucho trabajo, para poder llegar a ser lo que queramos en la vida.

Finge, cree y crea

-¡Oiga compadre¡ ¿Usted cree que uno puede llegar a ser lo que quiera?

-¡Nombre compadrito¡ el que nace pa´maceta no sale del corredor.

En cierta ocasión asistí una plática, que no sabría como definirla, una mezcla de Cienciología, Dianética, espiritismo, método Silva, y superación personal muy interesante y se me quedó grabado eso de "Finge, cree y Crea"

La tesis del conferencista era de que uno puede llegar a ser lo que quiera siempre y cuando simule ser lo que quiera ser, se lo crea realmente y terminará por serlo.

El estudio del conectóma humano, esto es nuestras redes neuronales que nos determina quienes y como somos parece que nos da luz sobre el tema.

Por un lado la plasticidad del cerebro nos permite reconfigurar las conexiones neuronales solo hasta cierto nivel, no podemos o al menos no se ha sabido que podamos cambiar las conexiones neuronales para que nos aparezca otro dedo en la mano, pero si podemos recuperar algunas funciones perdidas por un accidente o lesión donde el cerebro reasigna trabajos que hacía la parte dañada.

La experiencia diaria en sociedad nos dice que podemos controlar, si es que lo queremos, la manifestación de nuestras emociones e incluso las emociones mismas.

Pero lo que más determina nuestro desempeño diario son los hábitos que cultivamos durante la niñez y juventud. Estos hábitos pueden ser nuestros salvadores o pueden ser tiranos que nos descarrilan o hunden en la mediocridad, todo dependerá de los hábitos que se desarrollaron durante estas épocas.

La librerías están inundadas de libros sobre el tema, filósofos, sicólogos y ahora neurocientíficos, formulan teorías sobre el aprendizaje, la conducta y la personalidad.

Pensaríamos que los neurocietíficos llevan la delantera, sin embargo, los nuevos descubrimientos son aprovechados por los sicólogos y filósofos para reeditar sus teorías.

El primer gran error histórico fue considerar que el cerebro estaba completamente instalado a cierta edad la cual la ubicaban entre los 30 y 35 años.

Incluso la terminología actual de "redes, conexiones, compartimientos " etc. Nos da la sensación de que el cerebro es un aparato rígido, en los últimos años la posibilidad de analizar cerebros vivos y sanos nos arroja resultados diferentes.

Hay evidencia que nos permiten afirmar, bueno, les permite a los estudiosos afirmar, que el cerebro sigue formando conexiones y desconectando redes, lo increíble es que los cambios no se limitan a las funciones sino va más allá, llega al cambio de estructuras mentales.

De ahí que la frase o regaño que escuchamos en ocasiones "Ya cambia de mentalidad" es totalmente válida y factible, podemos cambiar la mente y el cerebro.

Sin embargo, estamos atados a nuestros vicios, rencores, hábitos y el cambio no se da solo, requiere de una voluntad tan fuerte como grande sea el cambio.

Como todas las historias tienen su héroes, en esto de la plasticidad del cerebro y la posibilidad de aprender toda la vida están los astrocitos.

-¿Y esos con que se comen Compadre?

- Pues con salsa y tortillas ¿Que no ha probado los tacos de sesos?

Los astrocitos son células gliales que existen en la materia blanca del cerebro y ayudan a formar las conexiones (si le interesa el tema lea el artículo de Been Barres de Stanford en la revista Science de 2001).

El aprendizaje es formar algo tan sencillo como formar nuevas conexiones neuronales y lo mismo la memoria. ¿En que iba? Ya se me olvido, ¡Astrocitos regresen¡

De ahí que si queremos definir el YO, bien lo podemos hacer como el conjunto de conexiones y si podemos cambiar estas conexiones estaremos cambiando el YO ¿Será el TU?.

El finge, cree y crea toma la función de piensa, actúa y serás, no basta con querer ser otra persona, al pensamiento le debe seguir la acción y tenemos que actuar como la persona que queremos ser.

Cada vez que pensamos se activan conexiones en la corteza cerebral, cada vez que actuamos se forma conexiones en el cerebro medio, dicho de otra forma, el cambio se inicia en el consciente pero se realiza en el subconsciente.

Cuando las acciones se realicen en forma automática llegaremos a ser lo que se concibió en el consciente.

La realización del cambio pasa por la repetición continua del ideal, no es fácil porque el contorno, la sociedad y parte de tu cerebro se opondrán.

El tema de las neuronas es muy amplio y complejo la propuesta de este libro es despertar la curiosidad por los avances que se tienen sobre el cerebro, sin embargo las páginas de este son limitadas y por el momento terminamos la exposición y el libro, seguiremos platicando del tema en el próximo "Inteligencia artificial para principiantes".

Solo me resta agradecerles el que lo hayan leído y a manera de epílogo solo agregaría: si quieres lograr una nueva vida "Finge, Cree y Crea"

www.ingramcontent.com/pod-product-compliance
Lightning Source LLC
Chambersburg PA
CBHW031948190326
41519CB00007B/719